国际服装丛书·技术

欧洲服装纸样设计：
立体造型·样板技术

［英］帕特·帕瑞斯　著

杨子田　译

中国纺织出版社

内 容 提 要

本书区别于一般的服装纸样设计图书，讲解了创意样板的技术及绘制方法，对服装结构设计进行了探索，既介绍了样板的发展和历史，又阐述了主要的服装廓型、结构，并进一步讲解如何通过一定的裁剪和造型方法，将其转化为三维形态。

本书图文并茂，注重结构、设计与美学的结合，强调实用性与创意性。书中呈现了大量极具代表性和启发性的结构案例，如服装教学、工作室及著名时装设计师的作品，使读者融会贯通，在掌握具体操作方法的同时，启迪服装结构设计的思路。全书内容实用，可作为高等院校服装专业的教学用书，也可作为服装企业技术人员和设计人员的参考用书。

原文书名：Pattern Cutting: The Architecture of Fashion
原作者名：Pat Parish

著作权合同登记号：图字：01-2013-4735

图书在版编目（CIP）数据

欧洲服装纸样设计：立体造型·样板技术 /（英）帕瑞斯著；杨子田译 . —北京：中国纺织出版社，2015.1

（国际服装丛书 . 技术）

书名原文：Pattern cutting: the architecture of fashion

ISBN 978-7-5180-1141-4

Ⅰ.①欧… Ⅱ.①帕… ②杨… Ⅲ.①服装设计—纸样设计 Ⅳ.① TS941.2

中国版本图书馆 CIP 数据核字（2014）第 252304 号

策划编辑：李春奕　　责任编辑：杨　勇　　责任校对：梁　颖
责任设计：何　建　　责任印制：储志伟

中国纺织出版社出版发行
地址：北京市朝阳区百子湾东里A407号楼　邮政编码：100124
销售电话：010—67004422　传真：010—87155801
http://www.c-textilep.com
E-mail:faxing @c-textilep.com
中国纺织出版社天猫旗舰店
官方微博http://weibo.com/2119887771
北京新华印刷有限公司印刷　各地新华书店经销
2015年1月第1版第1次印刷
开本：889×1194　1/16　印张：11
字数：205千字　定价：68.00元

凡购本书，如有缺页、倒页、脱页，由本社图书营销中心调换

对面页
尾崎佑
（Yuichi Ozaki）
这个毕业作品秀展示的极富创造性的样板技术的确很值得称道。

1

2

4

5

本书通过讲解创意样板技术及绘制方法，对服装结构设计进行了探索。本书不仅介绍了主要的服装廓型、结构，并通过一定的平面剪开、立体裁剪及其他造型方法等，将其转化为三维形态。

采用制作步骤讲解，并提供带注释的结构图。

款式图和坯布样衣照片可以预先展示效果。

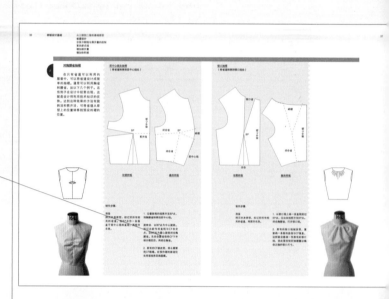

在疑惑点或难点处提供答疑解难。

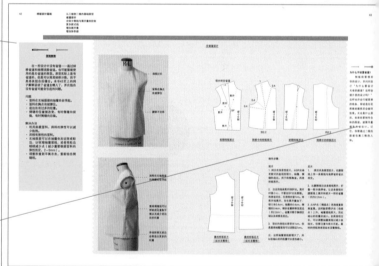

页边添加备注说明。

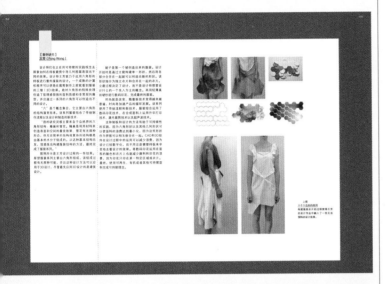

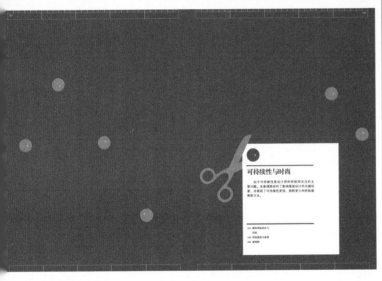

可持续性与时尚

　　案例研究部分演示基本样板的制作和进一步的调整，以得到更好的效果。

　　第6部分"可持续性与时尚"点明了一些重要问题。

本书所用的缩写词：
BP——胸点
CB——后中心
CBL——后中心线
CF——前中心
CFL——前中心线
H——臀围
LHS——左手边
NP——侧颈点（肩线和领口线的交点）
RHS——右手边
RSU——正确的结构图（放置在面料上的样板）
SL——袖长
SP——肩端点（肩线和袖山弧线的交点）
SS——侧缝
UP——腋下点
WSU——错误的结构图（放置在面料上的样板）
XB——后背宽（通过肩胛骨测量）
XF——前胸宽（通过胸点测量）

引言

时尚是一种创造性的产业，吸引着世界上很多实践者前赴后继。作为一门学科，时装设计有很多的创新性，因为它创造了或者再创了微妙的造型方法来修饰人体。服装设计和样板制作总是被分离开作为不同的学科，其实它们是紧密联系的。通过展示，一件设计师的作品总是可以得到认可，但通常是通过样板制作成服装才能被人们所认可。样板制作应该具有更高的地位，但只有很少一部分设计师，如玛德琳·维奥内特（Madeleine Vionnet）、巴黎世家（Balenciaga）、亚历山大·麦昆（Alexander McQueen）、川久保玲（Rei Kawakubo）是通过独出心裁的设计和专业的样板设计创造出时尚的。

设计师需要学习很多技巧来创造、发展和提炼设计概念。设计师需要技巧来构成初步造型，以表现他们的想法，这样才可以探究一个设计概念成功与失败的原因。样板制作技术是连接设计概念和服装成品的重要因素——这就是服装结构。

这本书是从一个设计师的角度来介绍样板设计方法的，能够让你很好地理解所有实践领域的美学原理。首先，这本书对学习服装设计的学生和对制作服装感兴趣的人是很有帮助的，同样，它对想要探索面料性能的纺织服装院校的学生也有帮助。

本书中包括初学者的基础课程，并选择一些有难度的样板制作步骤来鼓励读者创造出更多复杂的设计作品。在将设计概念转化为实物的过程中，如果在理解或技术运用上不合理，则很容易使人产生沮丧感。本书简洁、清晰地介绍了样板的绘制过程，并能激发人的灵感。

样板制作是一门实践性的学科，本书将通过实例图片来介绍技术步骤。以简洁的方式介绍看起来很复杂的过程，即用简单的方法来阐释这种工艺技巧。

将设计作品转化为样板，需要对形体、比例、整体细节平衡等有敏锐的把握能力，书中包含了对这些技术的提炼。本书从设计史学的角度探索板型，指明关键技术，如以廓型和细部特征为基础，通过样板设计来解决服装设计的问题。书中采用连续的图表演示获得基础样板的方法，并详细说明作为整体设计局部的肩部和领子等的设计。以前设计的局部部位还有很多，如袖克夫、腰带和装饰等，并且分析了它们对整体服装设计有什么帮助。这些局部部位对于成功的设计是一个重要因素。

书中同样介绍了样板制作的历史，将发展史与理论知识相结合，考察消费主义的兴起和大规模生产模式的发展对服装时尚产业有何影响。

可持续时尚的核心问题需要设计师、生产者和消费者共同来思索。本书把服装从设计到样板制作的过程，纳入到环保时尚的整体系统中，探索了可行性办法。如一般情况下，合体服装的使用率比较高，这样可延长其使用寿命，并延缓其废弃的时间。

消费者对流行趋势更有感觉，很容易接受网站上的季节性系列服装，一个明智的消费者对创新性设计和合体服装的需求在不断地增长。这促使设计者将设计和样板更好地结合在一起，并探索更为环保的方法。也许材料的浪费是源于样板的浪费——这个特征应纳入到设计环保当中，或者改变样板设计的方法以减少浪费。本书鼓励读者找到自己的解决方案。

人们普遍认为样板制作很难，具有技巧性并缺乏吸引力。本书旨在向读者展示样板制作不仅仅是这些，同时也具有创新性、自发性和个性。希望这本书能够为那些想在样板制作方面有所作为的读者带来灵感、勇气和自信。

上图
简·柏勒（Jane Bowler）的
灰白色饰穗雨衣
在第六部分中讨论可持续性与时
尚的问题。这件雨衣由简·柏勒
设计（其他类似设计见第166～
167页），是用可再生的塑料制
作的。

专业背景

　　本章解释了什么是样板制作，介绍了样板制作的发展和历史，以及怎样通过人体测量来完善样板的标准尺寸系统。它反映出近几十年来人体体型尺寸的变化，以及人体美学价值观的改变。"引言"已经很明确地解释了如何对个体进行人体测量，并详尽地说明了绘制样板所需的工具。在服装设计和样板制作的过程中，样板师占有相当重要的地位。

什么是样板

样板就是三维形态的二维展现。在服装裁剪和制作过程中，服装样板通常以一套前片、后片样板的形式表现，按样板制作出布样后最终制成服装。制作样板的方法有许多，传统方法是利用一组具有具体尺寸的样板原型来代表身体各部位的服装基本型（如衣身、袖子、裙子、裤子等），并将这些原型作为基本样板轮廓。制作原型的方法有很多种，很多作者在其制板书中都有提及。在本书中，我使用了威尼弗雷德·奥尔德里奇（Winifred Aldrich）的《经典女装样板》中的原型，我认为该原型非常适用于人台。

解构探析服装

解构现有的服装便于初学者理解服装成品和服装样板之间的转化。其具体解构步骤如下：

- 拍摄或绘制服装的正面、背面和侧面，还应包括一些细节，如腰带、领子、袖克夫和口袋。
- 拍摄服装内部，注意它是如何缝制完成的。
- 画出后中心线、前中心线、胸围线、腰围线及臀围线，并标记出领子的后中心线和袖中线。
- 仔细拆分半边服装（整件服装亦可），画出拆分的每片衣片或将其拍摄下来。
- 小心压住衣片的边缘以防止衣片拉伸变形，然后拷贝画出轮廓线。

这样就容易明白样板的形状以及是如何组成一件服装的。

原型

原型是用卡纸或塑料片制作而成的样板，它是一种模板，可用来拷贝其轮廓线。原型的准备最好要包括对预期基本样板形状和合体度的调整。原型一般放松量较大，这样服装的合体性可以根据需要作出相应的调整。对于调整量的大小，没有一个具体的准则，主要取决于预期的样板设计。

纸质样板可先别到人台上，然后用软芯铅笔、黑胶带或专业标记带在人台上作出设计线。这种制作顺序被广泛应用。

原型样板同样也可以利用三维人台立体裁剪的办法来制作，该方法在本书后面有详细的介绍。

季节性的服装设计通常需要新的板型，但惯例是利用以前已经制作完成的样板，以省去尝试和调整样板的步骤，这样就可以节省许多时间。设计师都有其标志风格和设计惯性，但是创新的想法需要发现新的概念和新的板型——特别是创新性的样板是形成一系列服装的基础，可以将设计概念融合在一起。

样板制作时间的长短取决于企业的类型。如高级定制服装，理当在制板上花费较多的时间，但对于大公司的设计师来说，时间和金钱至关重要，他们很少将时间花在立体裁剪和试衣上。

计算机与制板

应用于服装制板的计算件通常被称为CAD/CAM（计机辅助设计/计算机辅助生产大部分大中型服装企业都会CAD/CAM，因为它可以加快（流程）。由于计算机可以到小数点后，所以CAD/CAM确性很高。同样，计算机可便样板的储存，根据硬盘大般可存储上千个样板。

CAD/CAM的另一个优势以快速精确地生产出不同种复本，并且能减少浪费。

数字化制板的首要必件是计算机、软件、数字化（如格柏软件），这样就可样板数字化，并将其上传到机中。如果需要打印出样板上传至绘图仪中。样板可以扫描转化成为数字文档，但仔细检查其准确性，所以这是工厂常用的方法。

大部分服装设计课程里向学生介绍CAD/CAM制作数样板的优势。在一些情况下算机也许不是制板的最好途所以兼具计算机制板知识和制板经验是十分重要的。本重点是利用传统的工具进行的平面制板，但是在第6部分持续性与时尚"中也包含了利用计算机软件制板的案例。

左图
玛格丽塔·马佐拉
（Margherita Mazzola）作品
制作样板和把一个创意时装从
二维形态（2D）转化为三维形
态（3D）是时装设计师的基本
技能。

样板师的重要性

1

服装制板使得服装设计得以实现，它是设计和制作过程中的关键步骤。样板师依靠其制板技术为生产提供模板（样板），这也是服装制作的起点。许多设计师的设计都来自于样板设计，或者至少做成立体服装来看设计的效果。如从事三维立体工作的亚历山大·麦昆说："我从人体侧面进行设计，虽然是人体最不利的角度，但能得到人体最明显的凹凸部分，以及背部和臀部形成的S曲线。通过这种方法我总能得到人体重要的比例和外轮廓线。"

露丝·福克纳（Ruth Faulkener）

许多设计师都会考虑三维设计，但很明显你只能画出一些平面的东西，所以样板师的工作就是提取轮廓线，并在一系列的样板中将其表现出来……一段极富创造性的话题将展开怎样才能得到最好的产品的讨论……关于造型的一切。

样板的立体效果

设计一件作品通常需要从其设计草图开始进行。如果你要为自己的作品制板，那容易得多，因为你了解自己想要的服装效果。如果你要为其他设计师的作品制板，那你就需要去感受作品，去了解作品的廓型、比例和衣身平衡，这样的感受和理解作品是制作服装样板的关键。如果不是你自己设计的作品，那么与设计师的沟通交流可以帮助你深入理解设计师的设计理念。

样板完成并经过样衣试穿以后，样板师还要负责修正样板，其中包括衬料、扣位和服装其他的相关部位。对于制板学习和应用来说，CAD绘制技术和特定的制板软件是非常重要的。

制板是一种令人可敬且有成就感的职业。尽管现在许多服装的制板和生产都在国外，但国内的样板师收益也是相当可观的。在设计工作室中，等级制是十分明显的，而样板师在其中的地位是很高的。

对样板师杰奎·班赛（Jacquie Bounsall）的采访

你参加过哪些培训？

我在伦敦圣马丁学院的服装设计与纺织专业获得了荣誉学士，我还参加了伦敦时装学院为已在工厂工作过的专业人员开设的六个月的集训课程。

你认为一名制板师所需要的技术和品质是什么？

你需要有耐心，并且对二维图像的阐释需要有很好的眼光，还要能融入到团队中。

你的技术主要是在哪儿学的？

我妈妈过去常为我妹妹和我做衣服，当我们很小的时候，我们就开始用裙子样板做自己的衣服。伦敦时装学院的课程教会了我如何去使用工业技术，但我真正学会如何制板是在我的第一份工作中，因为我有一个非常有学问的老板。工艺师对缝制服装的一些方法和技巧也对我有很大的启发。

你认为制作样板最难的环节是什么？

许多人都会画服装效果图，但是将服装效果图转化为可穿着的服装需要人体工学的知识。无穷无尽的基本原则是可以被打破的，所以我认为理解基础知识是很重要的，如纱向和省道的处理，这样你就知道什么时候可以改变它们。

什么流程或步骤使你将设计作品阐释得如此成功？

首先，与画设计图的设计师交流是非常重要的，因为你很容易误解一些东西。设计师在完成最后的设计前一般会做几个星期的研究，所以如果设计师向你展示了设计概念，就会节省很多时间。此外，了解选用的面料也非常重要——用不同的面料会导致你绘制的样板的放松量不一样。我总是会尽快先作出一件样衣，所用的面料一般是之前与该系列服装风格最接近的服装剩余面料，并将该样衣在尺寸匹配的模特或人台上试穿。接着我会和设计师讨论其作品的廓型，以确定他们是否乐意接受这件样衣。此时他们就会告诉你，你将其设计作品阐释得正确与否，如果不满意，他们也会告诉你如何修改。

你认为是什么造就了一位成功的样板师？

我前面已经谈到了耐心和眼光，还有就是作为一名样板师应该对变化持开放的态度。一直都会出现新的方法，所以你要不断地去学习。

你认为样板会影响服装设计吗？

当样板师和设计师之间交流有误时，样板就会影响到服装设计。在制作样衣时，设计师可能会想到处理某个问题的更好方法，但是设计师的想法一般是整体中的一部分，所以设计师需要将其串为一体。

在企业中你们是单独工作还是作为团队工作？

样板师是团队中的一分子。每一个企业的构造是不一样的，但通常都是设计师提供设计理念，样板师在工艺师的帮助下，将其理念转化为三维立体服装。

你能为读者提供哪些制板技巧和建议？

在你的样板上要清晰地标注出制板说明和剪口。不要试着去靠想象服装的样子来节省时间，而是要花时间将其制作出来。这样最终是能节省时间的，同时也能利用这些时间来验证你的技术。

人体体型与尺寸

1

几个世纪以来，由于人们健康与营养的改变，以及西式生活的引入和种族的混合等原因，人体体型发生了很大的变化。以前的裁缝师傅发现有几种很明显的体型类别，它们能将人体体型区分开来，然后根据这几类体型对样板作出相应的调整。19世纪，在欧洲和其他地方用照片来获取人体体型轮廓，这种方法使得人们能更好地了解人体特征。如今裁剪艺术已成为一门学科，绘制人体体型的新方法已经形成。

人体测量学

希腊语中的anthro代表"人"，metron代表"测量"，随着对人类体型进行系统描述所引发的兴趣，在19世纪中期人体测量发展成为一门学科。基本的人体测量尺寸包括比例，如上臂和下臂的比例、宽度和长度的比例。

体型的改变

20世纪末到21世纪初，女性对体型和尺寸的观念已发生了很大的变化，这种改变一般都与文化变化有关，尤其是在西方时尚已占据主导地位的情况下。下面按时间线索综述了一些理想体型。

人体测量

生产所需的人体尺寸项来越多，人体测量也变得越复杂，可以采用多种测量方由此产生了一些专利，如麦尔（McDowell）用于服装可调节样板。在19世纪中期体测量已很完善，可按人体部位进行记录，并可确定局节，如袖山顶点和腋下点。

主要的测量方法有分割（按比例分割主要的测量部和直接测量（在人体上标记并连接各点），或是两种方结合。在数学和人体测量中，测量原则是多种多样的。

1890～1910年
爱德华七世（Edwardian）时代的美女是体态丰满、纤纤细腰，属于典型的沙漏体型。

1920年代
爵士音乐时代让女人们从紧身胸衣中解放出来，服装为身体提供了更大的活动空间。男性化服装风格在当时很时尚。

1930年代
乌托邦式、运动式和无污染式的生活方式，使健康、偏瘦的体型成为理想体型。

1940年代
在第二次世界大战期间，贝蒂·格拉布尔（Betty Grable）是非常受欢迎的海报女郎，她的身材比例很协调。这也许反映了战争年代的社会传统价值观和保守风格。

三维人体扫描

不需要卷尺，计算机能够进维人体测量。通过三维扫描到关键的人体尺寸数据，所种个体测量服务可应用于个的样板定制。

样板放缩

1828年纪尧姆·孔潘（Guillaume Compaing）发明了分度尺，这有利于制作不同规格尺寸的样板，结合新的人体扫描技术可进行样板放缩。现在样板放缩工作主要利用计算机来完成，但是仍有一些技术娴熟的推板师习惯手工完成。

安妮·克莱因（Anne Klein）
　　服装不会改变世界，但穿着服装的女人将会改变世界。

1950年代
玛丽莲·梦露（Marilyn Monroe）成为曲线型女性的典范，展示了女人的魅力与家庭生活。

1960年代
中性风格在民权运动和女权主义浪潮时期非常流行，如崔姬（Twiggy）和米娅·法罗（Mia Farrow）的风格。

1970年代
丰满的身材在性解放的年代变得很流行，如法拉·福赛特（Farrah Fawcett）（法拉及其同伴霹雳娇娃）。

1980年代
体能的爆发将力量与性特征赋予女性。布里吉特·尼尔森（Brigitte Nielsen）是20世纪80年代很乐意展现自己体型的众多演员之一。

1990年代及以后
凯特·莫斯（Kate Moss）和她的同事"超级模特"植入了全球化的想法。关于模特体型的问题现在仍然存在争议。

人体扫描与测量

1

　　有很多方法可以用来制作原型样板，这些原型样板都需要基本的人体尺寸，方法都很类似。在服装生产中，原型样板是按标准规格来制作的，英国的标准规格通常是12号（美国是8号），虽然使用的都是相似的测量系统，不同的国家有不同的标准人体规格。

　　设计师总是有他们自己特定的一套测量方法与人体相适应，没有把标准规格应用于个性化设计中。

　　用卷尺测量人体尺寸，在使用原型制板前将人体尺寸与服装尺寸相对比，这样有助于设定服装大小、比例和维持设计的平衡。

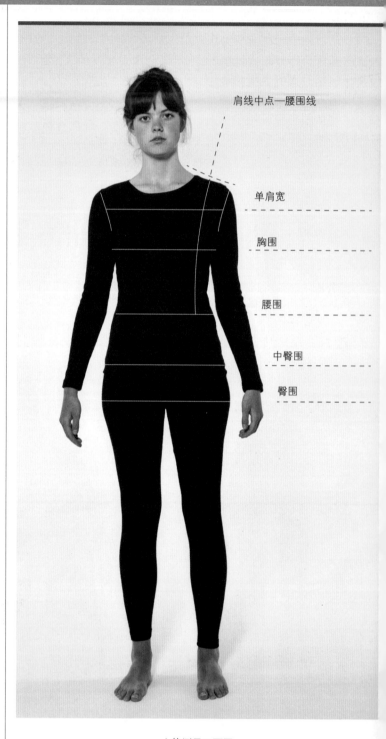

肩线中点—腰围线

单肩宽

胸围

腰围

中臀围

臀围

人体测量正面图

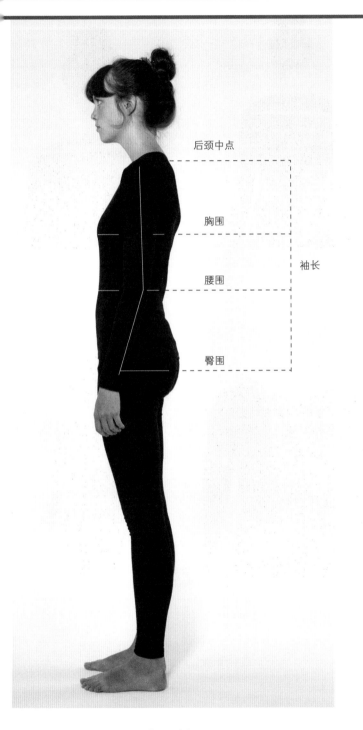

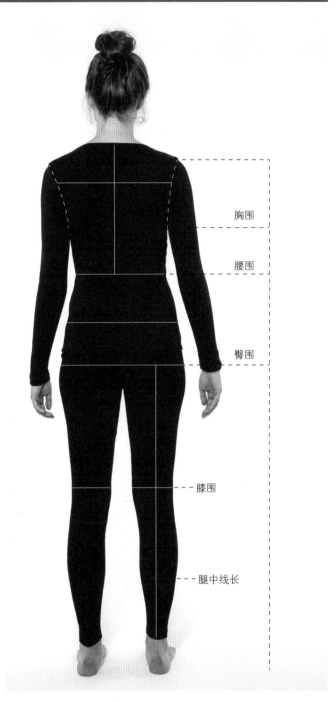

后颈中点

胸围

袖长

腰围

臀围

胸围

腰围

臀围

膝围

腿中线长

人体测量侧面图

人体测量背面图

衣身原型所需测量的尺寸

以下为测量部位：

自然腰围线

　　测量时，在人体自然腰围线处系上细带或绸带以做标记，这样便于测量。

- 后中心线（CB）：后颈中点（脖颈弯曲的底部）至腰围线（细带的位置）的距离。

- 腰围：测量腰围时不宜过紧。

- 胸围：保持卷尺水平并经过胸点（BP）。

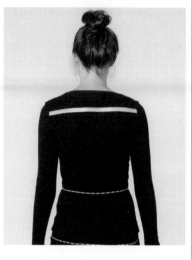

- 后背宽：在后颈中点向下10cm处测量后背两腋窝点之间的宽度。

- 前胸宽：在肩线至胸围线1/2处测量两个前腋窝点之间的宽度，使得当前臂运动时不会受限。

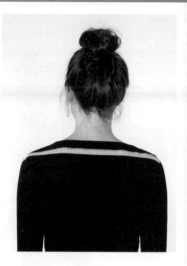

- 肩宽：一侧肩端点（SP）至另一侧肩端点（SP）之间的宽度。

- 前腰节长（CS）：经过胸部至腰围线的距离。
- 后腰节长（CS）：经过肩胛骨至腰围线的距离。

有时也需要测量其他一些尺寸，如合体的露肩上衣，需要测量上胸围线和下胸围线。

衣袖原型所需测量的尺寸

以下为测量部位：

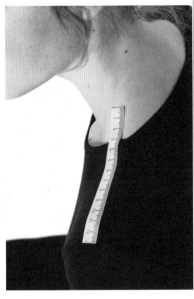

· 单肩宽：从侧颈点至肩端点的直线距离。

· 后颈中点—肘点—手腕：保持手臂微微弯曲，从后颈中点开始，斜向经过背部至肘点再至手腕。

· 肩端点—肘点—手腕：保持手臂微微弯曲，从肩端点开始，斜向经过肘点再至手腕。

· 臂根围：卷尺绕臂根一周的围度，卷尺要稍微向上一些将臂根完全围住。

· 肘围：手臂微微弯曲，卷尺绕手肘一周的围度。

· 腕围（绕腕骨水平围量一周）：测量时不要太紧，因为当手臂上抬时袖口会上移。

其他测量尺寸：制作合体袖时要测量手肘的上、下围度。

1

裙原型所需测量的尺寸

以下为测量部位：

· 腰围（同衣身原型）。

· 中臀围：臀围和腰围之间的水平围度，从人体侧面腰围线下落15cm处围量。

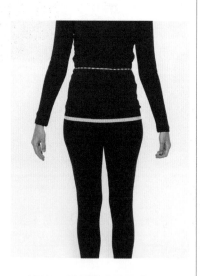

· 臀围：臀部的水平围度，从人体侧面腰围线下落21~22cm处围量。

· 腰围至膝围：从人体侧面腰围线至膝围线的长度。

当为个体制作原型样板时，如果该人体的大腿部分比臀部还丰满，则需采用大腿附近的围度。

裤原型所需测量的尺寸

以下为测量部位：

· 腰围（同衣身原型）。
· 臀围（同裙原型）。
· 中臀围（同裙原型）。

· 腿外侧长。
· 腿内侧长。

· 上裆长：重要的尺寸，人在坐姿时从腰围至臀部水平面的长度。

注：用直尺、三角板或硬钢尺从人体侧面测量。

制作高腰裤或高腰裙时，应从腰围线以上处测量；制作低腰裤或低腰裙时，则应根据需要从腰围线以下处测量。

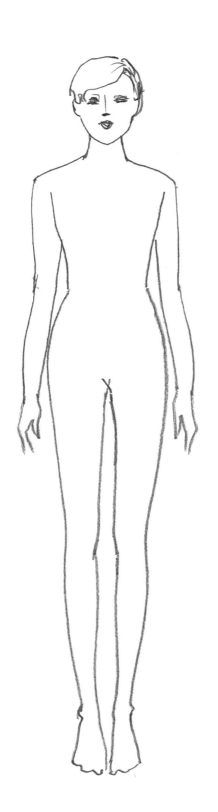

利用这幅人体图的轮廓线
来辅助测量。

24 **专业背景**

什么是样板
样板师的重要性
人体体型与尺寸
人体扫描与测量
准备工作

①

尺寸表

生产商一般会为设计师提供他们的所有尺寸表，这里所给出的尺寸表能很好地说明人体尺寸是如何转化成原型的。

厘米（cm）与英寸（in）的换算表见172页。

英国女性尺寸表（公制）

型号	8	10
身高	157.2	159.6
胸围	80	84
下胸围	61	66
腰围	60	64
臀围	87	90.5
中臀围	79.5	84
单肩宽	11.5	11.7
颈围	34	35
后腰节长	38.8	40.4
后背宽	31.8	32
前胸宽	28	29.8
袖长	56.2	57.1
内臂长	42.8	43.1
臂根围（袖窿长）	38.6	40.6
上臂围（袖肥）	22.9	24.7
腕围	15	15.2
肘围	21.9	23.7
腰围—膝围（CB）	61	61
腰围—踝围（CB）	94	94
后颈点高	136	138
腿外侧长	99	100.5
腿内侧长	74	74
上裆	26.8	27.9

英国型号与其他国家型号换算表

英国	6	8
美国	2	4
西班牙／法国	34	36
意大利	38	40
德国	32	34
日本	3	5

单位：cm

12	14	16
162	164.4	166.8
88	93	96
71	76	81
68	73	76
95	99.5	102
89	94	96
11.9	12.1	12.3
36	37	38
41	41.6	42.2
33	34.2	35.6
31	32.2	33.4
58	58.9	59.8
43.5	43.9	44.3
42.6	44.6	46.6
26.5	28.3	30.1
16	16.6	17.6
25.5	27.3	29.1
61.5	61.5	61.5
95	95	95
140	142	144
102	103.5	105
74.5	74.5	75
29	30.1	31.2

10	12	14	16	18	20	22
6	8	10	12	14	16	18
38	40	42	44	46	48	50
42	44	46	48	50	52	54
36	38	40	42	44	46	48
7	9	11	13	15	17	19

准备工作

1

制作样板需要很多专业工具，这里所列出的工具都是很容易得到的。有经验的样板师能够徒手画弧线，因为他们心里很清楚哪个部位该画弧线，但是绘制工具能够帮助样板师得到更理想的效果。原模制板尺是很必要的工具，它不仅能画直线还能画弧线，且有平行的刻度线，在画弧线的一侧是按5mm和1cm水平平行间隔增加的，这样就能很方便快捷地在弧线处画出缝份量，并且还有90°和45°的角度能够画直角线和斜纹标记。

开始制图时，一套基本工具是必备的，并可根据自己的需求增加其他工具。

基本工具

以下为测量工具：
1. 原模制板尺（公制）
2. 法国曲线尺
3. 卷尺
4. 滚轮
5. 钻孔器
6. 剪口器
7. 锥子
8. 剪纸剪刀
9. 裁剪剪刀
10. 大头针
11. 划粉
12. 短直尺
13. 手剪

其他有用的工具

- 长直尺
- 放码尺
- 画臀部和领部的曲线尺
- 三角板
- 样板打孔机
- 样板挂钩（可用于大、/板）
- 大号裁剪垫
- 胶带、魔术贴和百特贴
- 拆线器
- 柳叶刀
- 制板纸和卡纸
- H和HB铅笔、卷笔刀、橡皮和一些常规的彩色笔

纳西索·罗德里格斯
（Narciso Rodriguez）

我所做的是在服装结构和面料上进行创作。虽然在我的作品中不会直接引用建筑设计，但是我设计服装的方法和建筑设计师的设计方法在很大程度上是一致的。

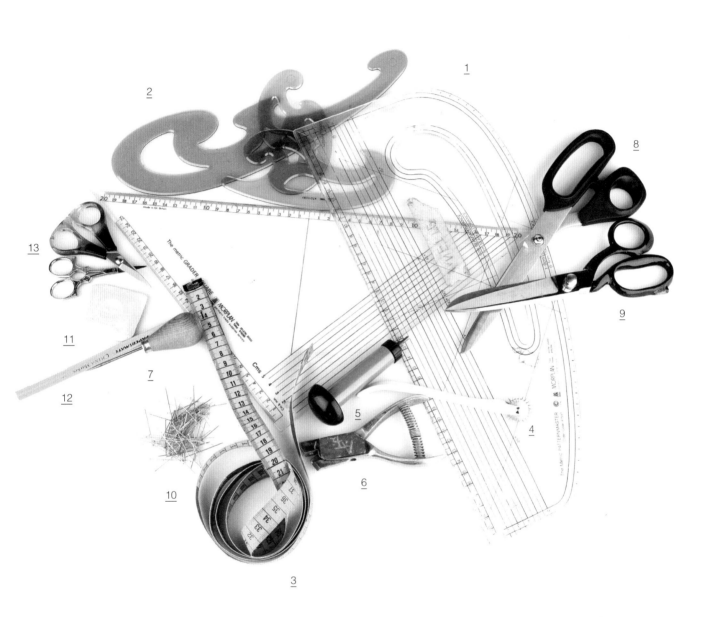

1

2

8

13

11

7

12

5

4

6

9

10

3

1

工具的用途

1. 原模制板尺

这是一种透明的集多种功能于一体的尺子，有直尺、小间距的刻度、画直角线的90°和画斜纹线的45°以及各种内外曲线，便于画袖窿、领口、臀部、底边等曲线。原模制板尺的水平平行线的间隔量为5mm和1cm，用于画直线或曲线边的缝份量。

2. 法国曲线尺

如果其他曲线尺不可用，那法国曲线尺是一个很好的替代品，因为用它能画出多种多样、弧度大小不等的弧线，包括领口线、袖窿弧线、领子、袖克夫和一般的弧线。

3. 卷尺

卷尺在测量时能够弯曲，是准确测量弧线的必备工具（可以利用卷尺上的任意一段测量A—B的距离）。它可以测量人体、人台和样板上的任一直线、弧线的长度。

4. 滚轮

这个工具可将样板拷贝转移到另一张纸或卡纸上。用滚轮沿着样板的轮廓线推动，就可在样板下面垫着的另一张纸上留下滚轮的印记。这个工具对修正样板的合体性很有用。

5. 钻孔器

钻孔器也称为"蘑菇"。钻头的尺寸有4mm和6mm，它可以在样板的某些位置钻很小的孔作为标记，如省尖、缝纫终点、需要剪开的部位、口袋、扣子和扣眼的位置。

6. 剪口器

剪口器可以在样板上剪出U型或V型的标记（形状）以表明缝份量和对位剪口，在面料上剪的剪口不要太长，最多不要超过4mm。

7. 锥子

锥子可以在被钻孔器钻孔的面料上标记出样片信息。由于其末端不是很锋利，所以它只是将丝缕分离。在其他时候也可以用到它，如省道转移、样板旋转以及标记长线条（如前中心线、后中心线和袖长）。

8、9. 剪纸剪刀和裁剪剪刀

最好有一把长的剪纸剪刀，用来剪长而顺滑的线条。卡纸剪刀通常较短，它的刀口有锯齿，以夹紧纸片。在使用时要避免把裁剪剪刀当剪纸剪刀用，因为裁剪剪刀剪纸后会变钝。裁剪剪刀要有一些重量，并且手柄使用起来要很舒适。裁剪剪刀至少要有25cm长，剪刀刀口可以被磨得很锋利，但需要时（剪刀刀口很钝时）去买把新的更为方便。

10. 大头针

大头针可以将样板连接体，可以将样板与面料固定起，也可以将样板与人台固定一起。

11. 划粉（或细棉带/专移细带）

用划粉尖的一端将样板轮廓拷贝画到衣片上，并省尖、口袋等位置。可经常刀将划粉削尖，以使划粉画会太粗，并可为制板师节省时间。

细棉织带可替代铅笔笔，在样板或白坯布上标记线。将细棉织带用大头针固你想要的部位，并退后几步所标记的线。由于细棉织带移动的，所以可以对该标记行调节。专业的标记带是黑纹的，并且可以再利用。

12. 短直尺

短直尺有利于平稳地直线，并可辅助柳叶刀裁线条。

13. 手剪

手剪很小，它用于剪线小片面料。

14. 长直尺

钢尺比塑料尺和木尺更好，为钢尺不会弯曲。长直尺的用很多，如画连衣裙、大衣和裤的长线条（所画线条比原模板尺长）。它可以用来测量面，还能将横放在桌上的面料铺整，并可辅助剪刀剪长线条。

15. 放码尺

放码尺有宽度递增的刻度，按不同宽度的刻度上下移动，样有利于改变样板的尺寸大。通常只是在样板完成后才会到它，但它可以替代原模制板画缝迹线。

16. 画臀部和领部的曲线尺

当画臀部、领部和底边曲线要用长的曲线尺，特别是在裁中非常有用。

17. 三角板

三角板与原模制板尺的用途似，但不能画弧线，只是用于角度。

18. 样板打孔机和样板挂钩

为了匹配样板挂钩，用打孔打出中等大小的孔，然后用线将有的样板穿在一起，再挂起来。

19. 裁剪垫

剪开时，裁剪垫不仅能对桌起保护作用，还可以避免剪刀钝。

20. 胶带、魔术贴和百特贴

胶带用于将样板黏合在一起，并将其穿在人台上进行检查。胶带很容易撕掉，在修正合体性时它还可以当做一小块棉布使用。魔术贴是隐形的，耐磨性好，并可在其上面涂画或书写。百特贴可以辅助将样板连接在一起，而且在其胶干之前可以重新定位。

21. 拆线器和柳叶刀

拆线器的一端是尖的，可以拆掉面料间的缝线而不会破损面料，但是这种工具易滑动不安全。柳叶刀也可以用于拆线，但是用柳叶刀拆线一定要仔细。它还可以沿着压在裁剪垫上的尺子进行裁剪。注意：如果缝线不是很紧，可以通过拉断、拆散丝缕来拆掉缝线——样衣缝纫工经常采用这种方法。

22. 制板纸和卡纸

制板纸和卡纸的重量不一样，制板时要选择适合重量的纸。太薄的纸容易破损，太厚的纸不易弯折。我一般选择的是白纸，而不会选择点状纸和方格纸。因为方格纸会干扰样板的视觉效果，引起误导。但对纸张的选择也完全取决于个人的喜好和实用性。

23. 铅笔和其他文具用品

好铅笔的笔头要够细够尖，如H。在纸板上，尤其在人台上试验画款式线时最好用软质铅笔，如HB或者B。开始时，你不必用力去标记，在修正后可以用削好的铅笔再画一遍。随后再用标记笔将重要的区域标出来。软质的橡皮擦是最好的，因为擦拭时不会弄损面料。

2

样板设计基础

本章主要介绍三维原型如何转化为二维原型。其中阐述一个重点基础知识——胸省位置的识别和转移。在裙装和袖子的章节中，介绍了增加展开量和体积感的基本方法。只要理解了这些基本原则，就可以绘制出很多更复杂、更有创意的样板。

32　　样板设计基础　　**从三维到二维的基础原型**
省道设计
合体分割线与展开量的控制
复杂款式线
增加展开量
增加体积感

从三维到二维的基础原型

2

利用测量所得人体尺寸来绘制二维模板叫做原型，它代表的是人体体型最简单的造型。这种原型叫做基础原型，因为随着时间的推移，设计师或厂家会创造出一种更为复杂的样板（在一段时间后这种样板还会被再创造），所以这种可以被再创造的成功样板就可以成为原型，继而由此发展出一系列季节性服装。

原型

原型通常是用卡纸或塑料薄板制成的，在准备制板时可以快速地拷贝。

省道

原型的省道在胸部、肩部和臀部形成凸面，在腰部形成凹面，以此来创作服装外形。

没有省道的原型是将省量分散到衣片中，这种服装不会紧身，除非是用弹力面料制作而成，斜裁可以使得服装在胸围处有伸展量。

合体性

原型有放松量，这说明原型尺寸比标准尺寸大，这样就保证了服装的运动性和舒适性。

当依据原型而绘制样板时，应该考虑其合体性，并据此做出相应的调节，根据需要将侧缝向外或向里调整。如果原型相对较紧或面料有弹性，则需要增加腰省量。

裙子原型

这些图都是用威尼弗雷德·奥尔德里奇的方法绘制的，当然还有其他可选择的原型绘制方法。

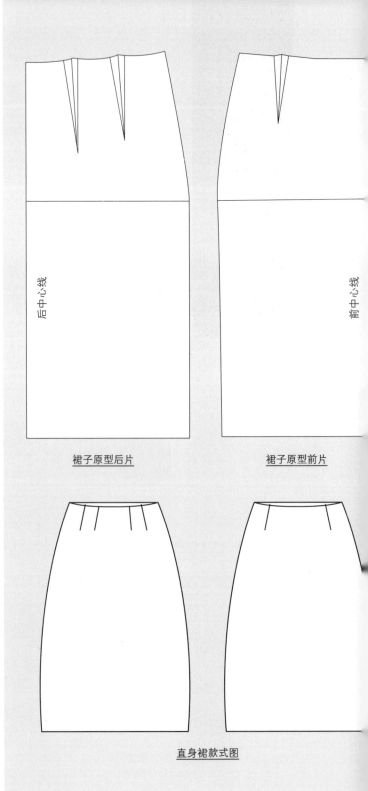

后中心线

前中心线

裙子原型后片　　　　裙子原型前片

直身裙款式图

衣身原型

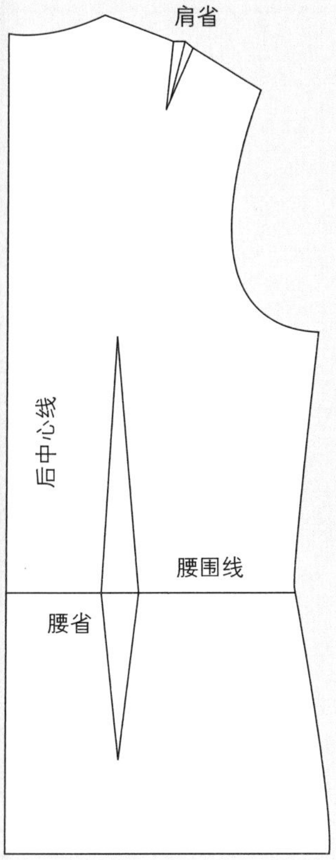

袖子原型

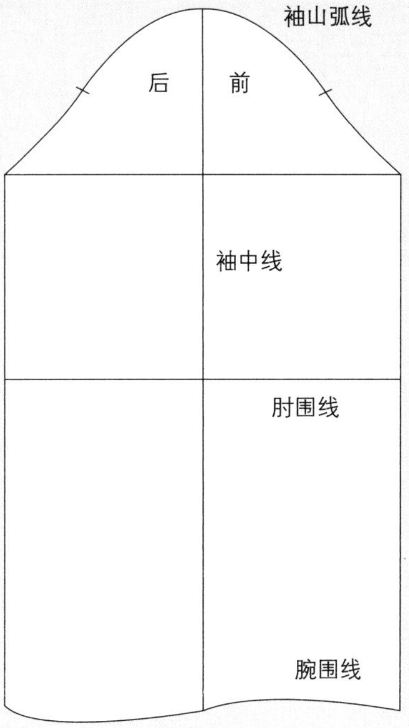

一半原则

原型只需制作人体的一半造型，因为在绘制原型时假设人体完全对称。袖片则是完整的，因为考虑到袖子的前后不一样。

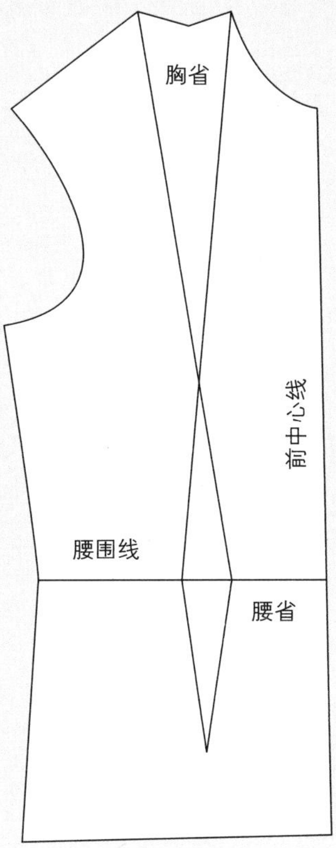

肩省

胸省

袖山弧线

后　前

袖中线

后中心线

前中心线

肘围线

腰围线

腰围线

腕围线

腰省

腰省

基本袖原型

衣身原型后片

衣身原型前片

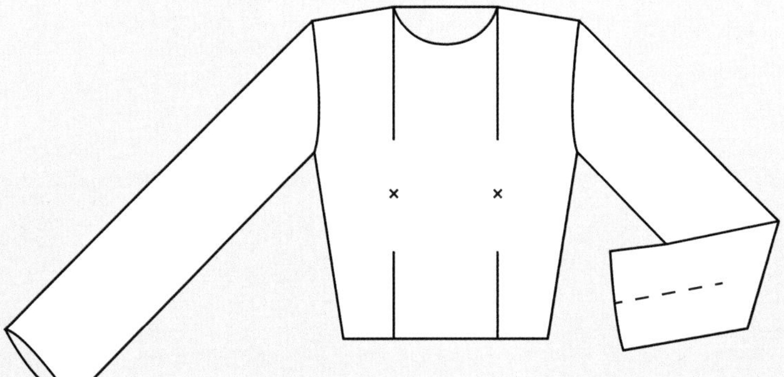

衣身和袖子原型款式图

34   **样板设计基础**   从三维到二维的基础原型
省道设计
合体分割线与展开量的控制
复杂款式线
增加展开量
增加体积感

省道设计

2

在制板时需要考虑胸省，因为胸省会影响胸部的造型。在许多款式中，胸省都会转移到侧缝中，这样胸省就会被手臂遮挡，看起来不明显。理解了省道的基本原理，就很容易将省道融入到设计中，甚至省道会成为设计特点。对服装进行解构，如将省道设计于显眼位置，露出胸省及其他省道，并将其作为设计的整体部分。

胸省

胸省的5个省位都是指向衣片边缘，并且它们不会改变原型的基本特征。不管胸省怎样转移，前中心线、后中心线和腰围线的位置都要保持不变。如果将胸省转移到前中心线处，前中心线就会被改变，那么就需要将前中心线缩缝。

胸省的5个基本位置：肩中线、领口、侧缝、底边和袖窿（不包括前中心线）。

胸省转移

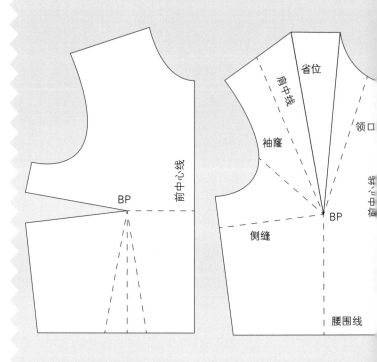

从BP~CF的剪开线（见36页）   胸省的5个基本位置

制作步骤：

1. 拷贝衣片原型前片到腰围或到服装的长度位置，在拷贝样板上标记出所有相关的信息，确认已标记好腰围线。

2. 标出新的省位，并与BP点用直线连接。

3. 沿新的省位直线从边缘剪到胸点（BP）处，闭合将要转移的省道，这样原来的省道就转移到新的省道里，或是将省道旋转到新的省位线上。当完全理解省道转移技巧后，并尝试过剪开与闭合的方法，则可直接采用旋转法会非常好用。

4. 重新拷贝省道转移后的衣片，确认所有的信息都被完整拷贝过来。

胸省的5个基本位置

肩

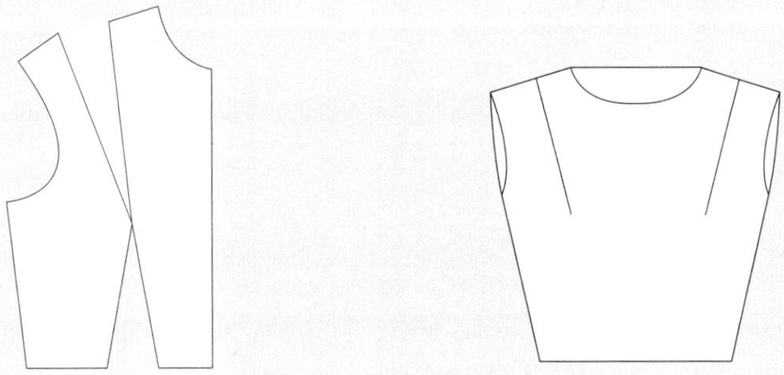

领口

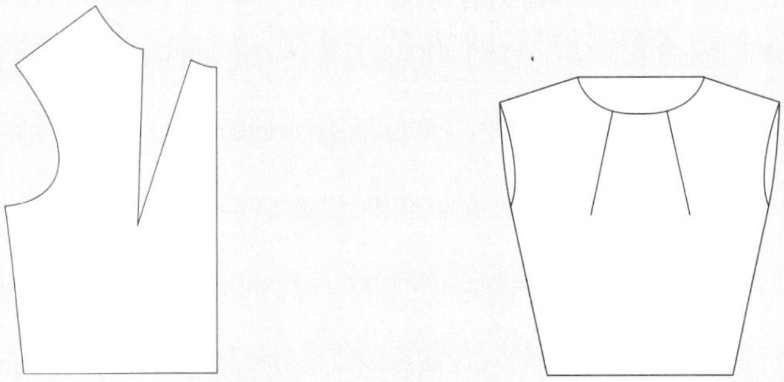

侧缝

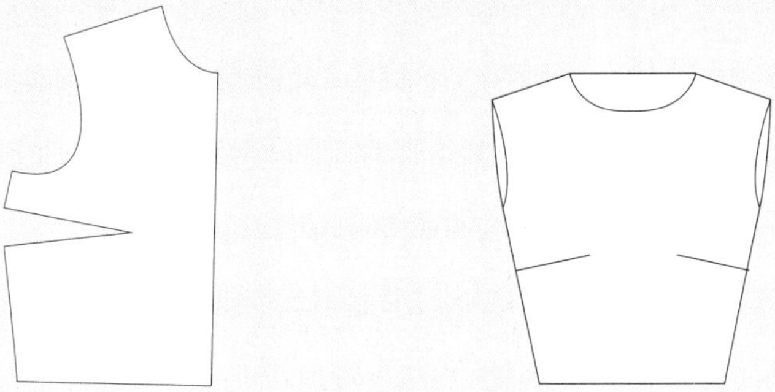

底边或腰围线

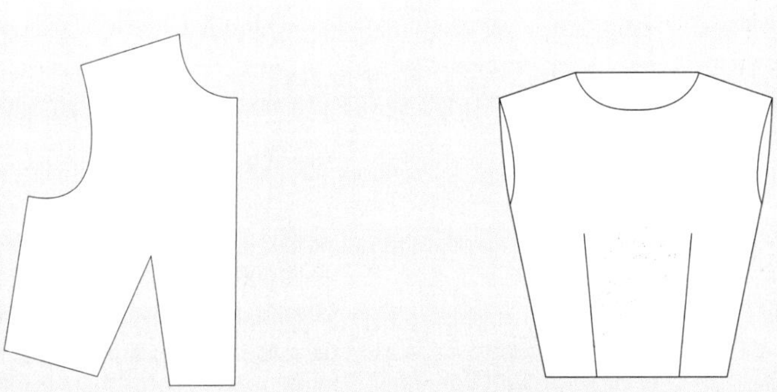

袖窿

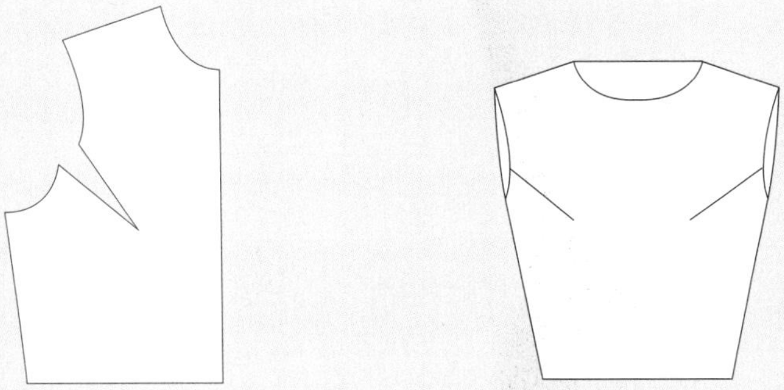

36   **样板设计基础**   从三维到二维的基础原型
省道设计
合体分割线与展开量的控制
复杂款式线
增加展开量
增加体积感

2

对胸腰省抽褶

在只有省道可以利用的服装中，可以将省道设计成简单的抽褶。通常可以利用胸省和腰省，如以下几个例子。这些例子在设计中经常出现，这就是设计师利用技术知识的优势。达到这种效果的方法有旋转法和剪开法，可将省道从原型上的位置转移到预设的褶的位置。

前中心线处抽褶
（将省道转移到前中心线处）

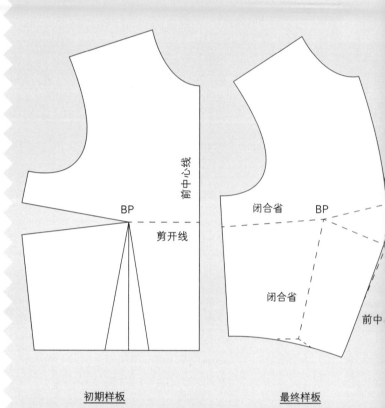

初期样板   最终样板

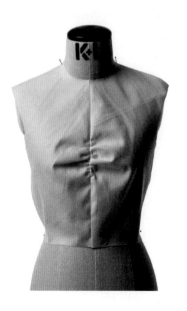

制作步骤：

准备
拷贝衣身原型，标记好所有相关的省道。沿BP点作一条垂直于前中心线的直线，再剪开衣身。

1. 沿着新画的线剪开至BP点，将胸腰省转移到前中心线。

旋转法：以BP点为中心旋转。标记出新作的直线与CF的交点，以BP点为圆心旋转闭合胸腰省。先闭合腰省保持CF下半部分稳定后，再闭合胸省。

2. 原有的CF被改变，那么需要将CF缩缝。在预设褶的新省位处用弧线将其画圆顺。

领口抽褶
◀ 将省道转移到领口线处 ﹚

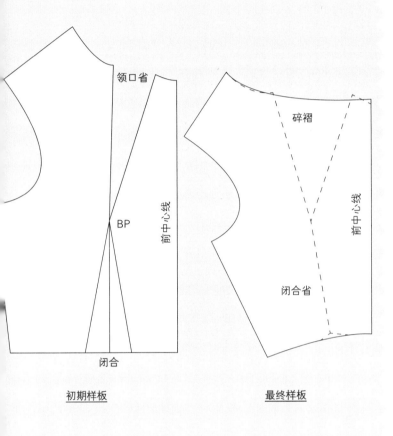

初期样板   最终样板

制作步骤:

准备
拷贝衣身原型,标记好所有相
关的省道,再剪开衣身。

1. 从领口线上画一条直线经过
BP点,沿这条线剪开至BP点。
闭合胸腰省,打开领口线。

2. 原有的领口线被改变,重新
画一条曲线与CF垂直,这样就
会修掉一些原有的领口线,因
此要控制好抽褶量以确保正确
的领口尺寸。

38   **样板设计基础**   从三维到二维的基础原型
省道设计
合体分割线与展开量的控制
复杂款式线
增加展开量
增加体积感

2

将省道应用于设计中

　　省道可以多种形式出现在服装设计中，这里举3个例子，也许可以激发你的设计灵感。

菱形镶嵌式

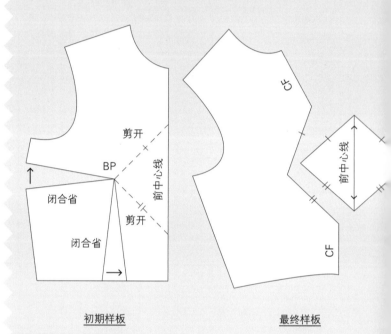

初期样板   最终样板

制作步骤：

1. 拷贝衣身原型，此原型的胸省在侧缝线处。这里最初使用的原型样板都是一半。

2. 从CF画两条斜线到BP点形成1/2菱形块。将三角板置于CF上并经过BP点，然后标记出与CF相交的点。

3. 在这两条线上标出对位点后，将其剪开并与衣身分离。在另一张对折的纸上拷贝该插片，使之成为一整片，所有信息转移到新的样板上。

4. 闭合胸腰省——将省道转移到菱形分割处。

前中心线省和插片

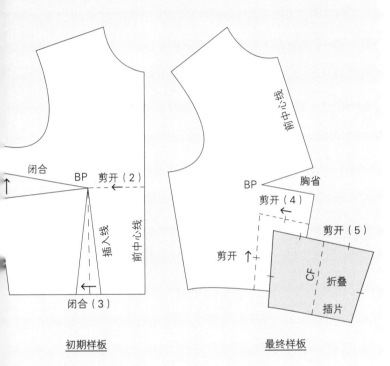

闭合　BP　剪开（2）

插入线

前中心线

闭合（3）

前中心线

BP　胸省

剪开（4）

剪开

剪开（5）

CF　折叠

插片

初期样板　　　　　最终样板

制作步骤：

1. 拷贝衣身原型，胸省在侧缝线处，标记好相关信息。

2. 从BP点作一条到前中心线的垂线，这是转移新省道的位置。沿着这条线剪开至BP点。

3. 闭合腰省，将该省道线作为插片的一条边。

4. 在新省道下几厘米处作一条与CF垂直的直线。

5. 在分割线处标出对位点，剪下插片。将剪下的插片的前中心线置于折叠的纸上，使该插片成一整片。最后标记出所有的信息。

6. 样板完成后，胸省转移到CF中，腰省转移到插片的分割线中。

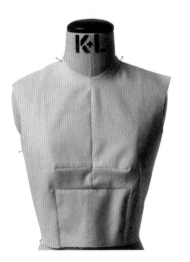

省道设计
合体分割线与展开量的控制
复杂款式线
增加展开量
增加体积感

2

不对称的弧线省

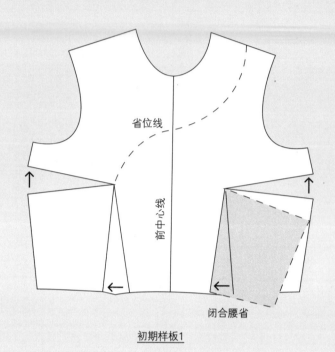

初期样板1

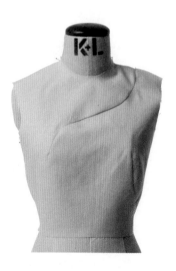

制作步骤：

1. 拷贝衣身原型，胸省在侧缝线处。将前中心线置于对折的纸上以得到如图所示的整体前衣身。用滚轮将所有相关信息拷贝到对折的双层纸上，要保证该纸下面一层有滚轮印记。然后将双层纸展开，将滚轮印连成线。

2. 从肩线到BP点画上部的款式线，在样板上要将这条穿过CF的曲线画圆顺。可以将样板放在人台上来画这条款式线，并用标记带标记出来，然后再将其转为二维曲线；还可以直接在二维平面样板上画出此曲线。

3. 沿着这条曲线剪到BP点，先将腰省转移到侧缝省中，这样腰省就能全部转移到款式线处。

4. 另一侧款式线的省是胸腰省转移而来的，先是将腰省转移到侧缝省，这样侧缝省的量就增大了。

5. 在侧缝省靠下端的位置画一条曲线到BP点，可以在人台上画也可以直接在平面样板上画。

6. 沿这条曲线剪开，再闭合侧缝省，将侧缝省转移到这条款式线中，这样就完成了制板。

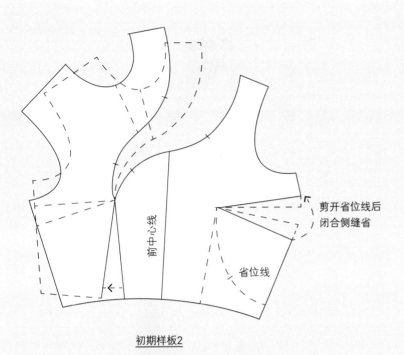

剪开省位线后
闭合侧缝省

省位线

前中心线

初期样板2

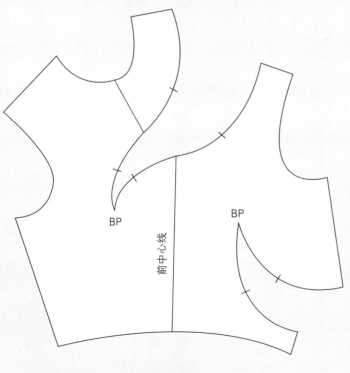

BP

BP

前中心线

最终样板

42   **样板设计基础**   从三维到二维的基础原型
省道设计
合体分割线与展开量的控制
复杂款式线
增加展开量
增加体积感

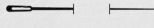

答疑解难

　　在一些设计中没有省道——通过转移省道和抽褶消除省道。也可能服装使用的是无省道的原型。原型实际上是有省道的，但是可以将其转移分散，而不是将其捏合后缝合。本书43页上的例子解释说明了省道去哪儿了，并且指出没有省道可能会引起的问题。

问题
· 面料在无袖服装的袖窿处会浮起。
· 面料在胸点处被撑住。
· 底边处有过多的松量。
· 侧缝的位置被改变，有时侧缝向前偏，有时侧缝向后偏。

解决办法
· 利用斜裁面料，斜料的弹性可以减少拖拽。
· 用稍有弹性的面料。
· 无袖服装可以在袖窿处加边饰或贴边，以收缩袖窿弧线，或者将贴边稍稍减少点（减少量要根据面料的弹性而定，2~5mm）。
· 调整和重新平衡衣身，重新绘出侧缝线。

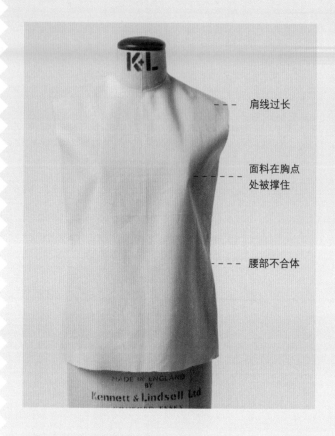

肩线过长

面料在胸点处被撑住

腰部不合体

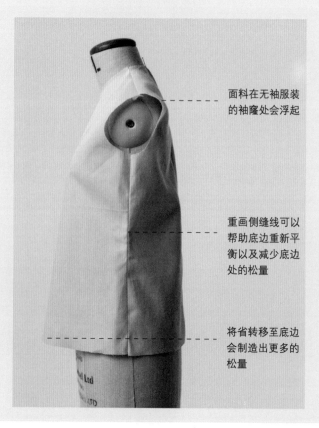

面料在无袖服装的袖窿处会浮起

重画侧缝线可以帮助底边重新平衡以及减少底边处的松量

将省转移至底边会制造出更多的松量

无省道设计

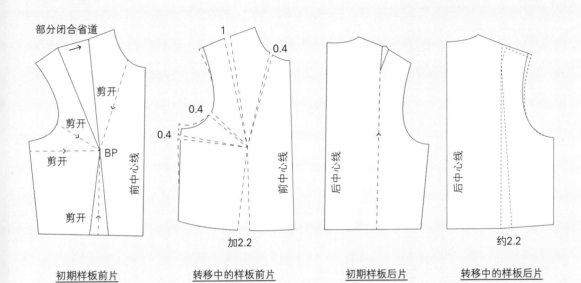

部分闭合省道

剪开
剪开
剪开
BP
前中心线
剪开

初期样板前片

1
0.4
0.4
0.4
前中心线
加2.2

转移中的样板前片

后中心线

初期样板后片

后中心线
约2.2

转移中的样板后片

为什么不设置省道?

制板前要想好你的设计,并问问自己"为什么要设计无省的服装?这样会提升我的设计吗?"这样也许会打破简单的线条,抑或是印花图案经裁剪后会破坏效果。无论是什么原因,如果你要制作合体的服装,就要尽量避免无省设计。记住,你要通过二维的服装包裹三维的人体。

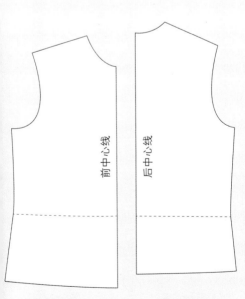

前中心线

后中心线

最终样板前片
(延长至臀围)

最终样板后片
(延长至臀围)

制作步骤:

前片
1. 拷贝衣身原型前片,从BP点画发散式的直线到领口、袖窿、侧缝和底边,用于转移胸省。再将样板剪开。

2. 沿这些线条剪开到BP点。剪开时要小心,不要在BP点处剪断。将肩省闭合,在肩线处留1cm。将剪开线展开,各处展开量如下:领口处0.4cm,袖窿处0.4cm,侧缝处0.4cm,剩余省量转移至底边(约2.2cm)。省量分散于胸部区域以及转移至底边。

3. 现在的肩线比原型长1cm,但是重画袖窿弧线可以消除这1cm。

注:这样袖窿弧线就增大了,所以在袖山处的松量可以适当减小。

后片
1. 拷贝衣身原型后片,在腰围线上作一条垂线与肩胛省的省尖相交。

2. 从腰围线沿这条垂线剪开,折叠一部分肩胛省,让这条垂线在腰围线上展开和前片一样的省量(约为2.2cm)。

3. 从NP点(侧颈点)将肩线重新画直顺。这样就使得SP点(肩端点)上升,袖窿弧线变大,因此袖山的松量应减小。如果肩线过长,可以调整袖窿弧线以减少肩线长,但要注意与前片匹配。最终的样板将原型延长至臀围线。

44   样板设计基础   从三维到二维的基础原型
省道设计
合体分割线与展开量的控制
复杂款式线
增加展开量
增加体积感

② 合体分割线与展开量的控制

基本原型对服装合体性造型的塑造比较有限，尤其不适用胸围上下都很合体的服装。除非是很有弹性的面料才可以直接用原型得到很合体的服装，一般都需要在合体的部位画款式线。这些款式线将衣身（或其他服装部位）分成若干片，这些被分割的样片称为"分割片"。

分割线（或其他任意被分割的样板）可以应用于多种颜色、不同面料和纹理结构的设计中。一般来说，被分割衣片的布纹方向应该与原型衣片的布纹方向一致，但是有一定的偏斜角度（45°左右）可以提高其悬垂性。在20世纪二三十年代期间，人们就是利用斜裁布料的特征和分割片来制作柔滑的合体服装。

在这里举两个关于衣身分割的例子。第一个例子，分割线经过BP点，并且腰省和胸省都包含在该分割线内；第二个例子，分割线没有经过BP点，其中包含了腰省但不包含胸省。

肩线中点到腰围的分割线
（经过BP点）

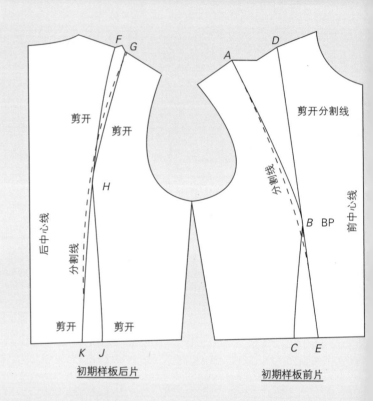

初期样板后片　　　　初期样板前片

制作步骤：

1. 拷贝衣身原型后片到腰围（或臀围）处，标记好所有相关的省道和腰围线，检查肩省是否在中心处——如果不是，则将其移至中心点处。

2. 从肩省处画一条圆顺的曲线经过其省尖，并穿过腰省省尖附近到腰围线上。在腰围线处展开与前片同样大的省量。

3. 拷贝衣身原型前片到腰围（或臀围）处，标记好所有相关的省道和腰围线。

4. 从肩线的中点画一条到BP点的直线，这条直线就是胸省要转移的位置。沿着这条直线剪开，闭合胸省将其转移到肩线中点上的这条直线中。如果你拷贝的原型的胸省是在肩线中点处，则可以省去这一步骤。

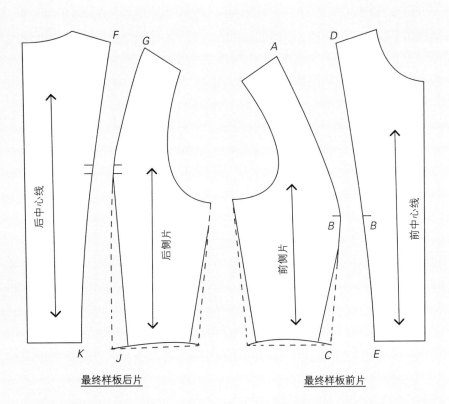

最终样板后片   最终样板前片

分割线

要注意检查缝合在一起的分割线的上下角度是否为直角，长度是否相等。一般需要设定一个角度以使两边能够匹配。

5. 标记出对位点，测量分割线的长度，并根据需要调节其长度，画出垂直于腰围线的布纹线。

6. 剪开分离样片。

注：可以在分割样片的腰围和侧缝处增大收缩量以制作出更为合体的服装。

7. 将分割片拷贝到另一张纸上，把从肩线中点CS至BP点的曲线画圆顺，并要将腰省包含在其内。把线画圆顺，并将胸省与腰省在BP点处的交点画顺，消除转折点，在BP点处做好对位标记。你会发现靠近前中心线的曲线比靠近侧缝线的曲线平缓。分割开的两片样板的分割线曲度不一样，一般以曲度小的一侧为主。

8. 测量出分割线的长度，并调节其长度，标注出面料的布纹方向。沿着这些修改调节后的分割线将各样片分割，如果前中心线没有分割则要将其画为一个整体。

46 **样板设计基础** 从三维到二维的基础原型
省道设计
合体分割线与展开量的控制
复杂款式线
增加展开量
增加体积感

2

偏离基础省位的分割线

这类分割线不经过BP点，要设置省道。如果分割线距离BP点很近，则多余的省量可以转移到分割线中。分割线距离BP点越远，就会有越多的余量浮于衣片上。

刀背缝（不经过BP点）

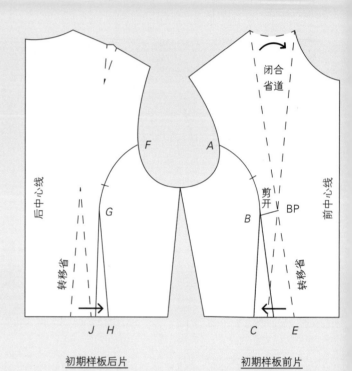

初期样板后片　　　　　　初期样板前片

制作步骤：

1. 拷贝衣身原型后片到腰围（或臀围）处，先画一条靠近后中心线的参考线（F—G—J）。闭合省道，将样板衣片放到人台上，可以看到你想要画的分割线的位置，利用标记带或软质铅笔将这条分割线标出。在本例中分割线的位置是从袖隆到腰围，但偏离了原有的腰省位置。在确定分割线的位置时可以忽略腰省的位置。

2. 拷贝衣身原型前片到腰围（或臀围）处，其原型衣片的胸省在正常位置。先画一条靠近前中心线的参考线（A—B—C），闭合省道，将样板衣片放到人台上，可以看到你想要画的分割线的位置，利用标记带或软质铅笔将这条分割线标出。本例中分割线的位置是从袖隆到腰围，但偏离了BP点。在确定分割线的位置时可以忽略腰省的位置。

注：在画分割线时应保持胸省闭合。

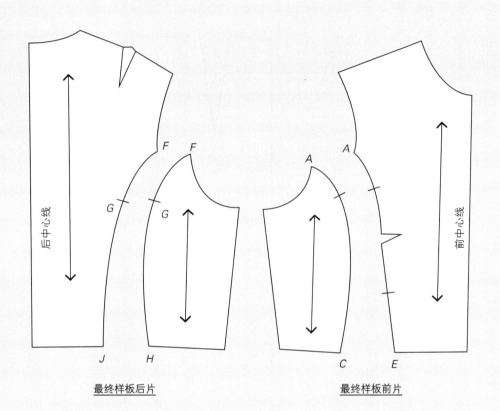

后中心线

前中心线

F F

G G

A A

J H

C E

最终样板后片   最终样板前片

3. 将样板后衣片从人台上取下，把其平铺展开，擦去分割线的参考线。样板后衣片的分割线在袖隆处的位置没有必要和样板前衣片的位置相匹配，但要考虑视觉平衡。标记出对位点。

4. 沿标记画好分割线（F—G—J），使得J—H的大小与腰省的大小一样。将线条画圆顺。

5. 测量分割线的长度，如果分割线的长度不等则须调节其长度。沿分割线剪开，分割各样片。

6. 在所有的样片上标记好布纹方向，布纹线应与腰围线垂直。

7. 将样板前衣片从人台上取下，把其平铺展开，擦去分割线的参考线。如果没有人台，就在平面上先将分割线画好，再将其放在自己身上检查。从分割线到BP点画一条短直线（B—BP），将胸省转移到该短直线位置。在分割线上至少要标记出两个对位点，其中一个点的位置就是缝合后的胸省位置。

8. 由于胸省的位置发生了转移，所以腰省要沿着腰围线作相应的移动，其大小与基础腰省大小一样。将线条画圆顺。

9. 测量分割线的长度，如果分割线长度不等则须调节其长度，并沿分割线剪开，分割各样片。

10. 沿新的省道线（B—BP）剪开，再闭合胸省。

48   **样板设计基础**   从三维到二维的基础原型
省道设计
合体分割线与展开量的控制
复杂款式线
增加展开量
增加体积感

2

裙子的分割线

裙子的分割线不仅影响裙子的轮廓和合体性，而且还可以通过增加裙摆的宽度来增大裙摆线。可以在分割线上的任意位置增加展开量，这样可以得到很多不同的款式。

分割片的数量是依据设计而定的：一条合体但裙摆很大的裙子需要分割为八片，但也可以设计得更多（但要合理）。前裙片和后裙片的分割片数量通常是一样的，并且分割片的大小和形态也都一样。但是如果设计有要求，如需要在后裙片设计更大的裙摆，使得后裙片在臀部以下凸出，则前、后裙片的大小和形态可以不一样。

简单的六片裙

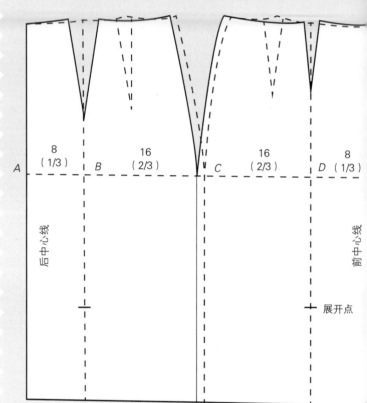

初期样板

制作步骤：

注：尺寸标注在括号里。

1. 将裙子原型前、后片的侧缝线重合，下端的侧缝线与底边线垂直。拷贝裙子原型的前、后片，标记好相关的省道、臀围线和侧缝线。

2. 在臀围线上标记出中点，将前、后裙片的臀围尺寸调节为相等，即前、后片臀围均为24cm。将前裙片的侧缝线向后移1cm，这样就减小了后裙片的宽度。按原型的侧缝线曲度画出新的侧缝线，与底边线垂直。

3. 把前、后片的分割线画在各自臀围线的1/3处，即分割线距前、后中心线16cm，分割线距侧缝线8cm，这样前、后裙片就各被分割成三片。

4. 将腰省转移到分割线中，并将省量等量地转移到分割线两侧。这样后裙片总的省量大于前裙片的省量。根据新的省道位置重新画好腰围线，要保证新省道的两条省边线相等。可根据需要作出相应的调整。

最终样板前片

最终样板后片

调整底边线

　　测量展开点到底边的直线长度，再用卷尺以此长度为半径，以展开点为圆心画圆，该弧线即为增量宽，然后标记好新的底边线位置。根据展开量的大小，底边线位置会有所上升。在展开点附近将分割线画圆顺，不能有拐角。

添加更多的分割线

　　如果需要加大裙摆造型，则需要将裙片分割成八片甚至16片。其准备工作与六片裙是一样的，先将前、后裙片在臀围线上调整为相等，再将腰省转移到分割线处。将腰省省量平分到前、后裙片的分割线中，八片裙在前中心线上断开。

裙摆宽

　　重要的一点是，不要不考虑实用性而盲目增大裙摆。如三片裙的裙摆增量太大会导致多余的展开量堆积，但展开量堆积的效果有时也是设计所需要的，所以应该考虑全面。对于裙片的分割数量及展开量的大小，可以用做实验的方法来帮助你了解可能出现的效果。

5. 在各裙片上标出分割片展开的起始点高度（一般在腰围线向下29cm处，但还是要依据设计而定），并在侧缝线上标记好对位点和省尖点，在裁剪分割前还要标注好每一片样板。

6. 将分割片放在一张纸上，保证裙摆两侧加宽的展开量有足够的位置（侧缝线往外增加6cm的展开量）。用直线连接展开后的底边点（展开量为6cm）到分割片展开的起始点，再依次处理各片。

7. 重新画每一分割片的底边线，使之与分割线垂直，以便缝合。

复杂款式线

2

　　服装的款式线将分割线的特性、育克以及有省或无省的造型结合起来。款式线还可以用来控制合体度、展开量、体积感和其他设计的细节，如撞色设计和缝型。设计将决定款式线的位置，依据设计才能知道款式线要塑造的具体造型是什么样的。

　　款式线的类别无穷无尽，但要注意在设计时应先画出其轮廓线，再画出款式线。并要想象出三维整体造型，包括前面、后面、侧面。

　　这里列举的例子可以用于撞色、拼接和装饰缝的设计。将腰省转移到育克分割线中，所以款式线的上部分位置由省长决定。

消除侧缝线

　　裙子下部的一条款式线是从前片到后片，它消除了侧缝线，所以可将其裁为一片。

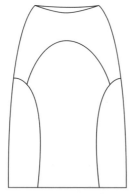

复杂款式线设计

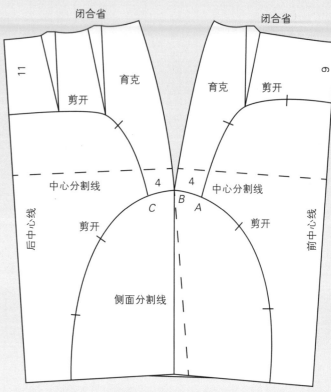

闭合省　　　　　　闭合省

11　　　　剪开　　育克　　育克　　剪开　　9

中心分割线　　4　4　中心分割线

后中心线　　C　B　A　　前中心线

剪开　　　　剪开

侧面分割线

重叠4cm（前、后各2cm）

完成样板

制作步骤：

1. 将裙子原型前、后片的侧缝线重合对齐，然后将前、后片侧缝线的下端部分重合2cm，这样底边宽就减少了4cm。拷贝裙子原型样板，标记好所有相关的省道和臀围线。

2. 用棉织带、标记带或软质铅笔标记出款式线，将其穿在人台上有助于你看到款式线的三维效果。

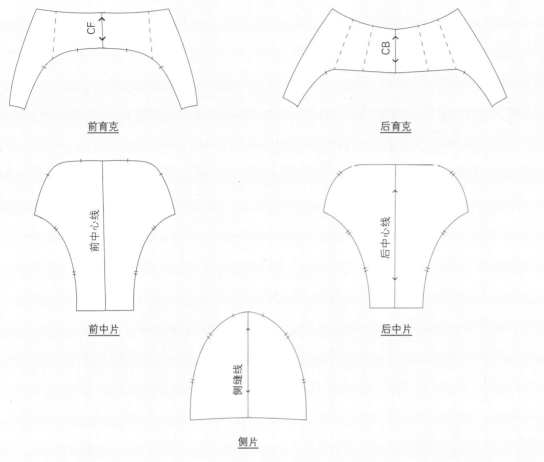

前育克

后育克

前中片

后中片

侧片

款式线的绘制

人台有助于确定款式线的位置，因为三维人台可以展现出款式线在人体上的真实效果，并且向后退几步观察可以检查出样板的比例和造型问题。利用细织带、标记带或软质铅笔（在样板制作时不推荐使用，但适合在样板上轻轻地做标记）标记出款式线。如果没有人台，可以将画好款式线的样板放在自己身上或放在别人身上对着镜子进行检查。

答疑解难

将裙子的各片缝合在一起时，需要对凸曲线与凹曲线进行拼缝。沿缝迹线在凹曲线的缝份上打剪口，这样便于缝合。

3. 侧片：从前片到后片画一条曲线。为了保持平衡，拷贝出另一边的侧片，而且还要保证下端的侧缝线与底边线垂直。

4. 育克：画一条前育克分割线并将腰省闭合。前育克分割线经过腰省省尖，并距侧缝线4cm宽（A—B=4cm）。

后片的育克和前片的育克一样，调整后育克分割线经过腰省省尖，距侧缝线4cm宽（B—C=4cm）。

在育克分割线上标记对位点，沿育克分割线剪开，分离各裙片。

5. 最终样板和育克：闭合腰省，在对折的纸上拷贝育克使之成为完整的一片。检查育克分割线与CF线及CB线的夹角是否为直角，线条是否圆顺。

6. 中片：按前、后中心线对折重新画出中片，完成整片的绘制。将CF线和CB线置于对折的纸上拷贝，得到完整的前、后中片。

7. 侧片：前后侧缝线重合在一起，对折侧片，以其对折中心线作为布纹线。稍微调节侧缝重合的下端曲线。

本例样板尺寸：
前育克：前中心线处向下9cm，距离侧缝线4cm。
后育克：后中心线处向下11cm，距离侧缝线4cm。
中片：侧缝线从腰围线处向下26cm，下摆宽30.5cm。

52   **样板设计基础**   从三维到二维的基础原型
省道设计
合体分割线与展开量的控制
复杂款式线
增加展开量
增加体积感

增加展开量

2

在样板上增加放松量或展开量，最常用的方法就是剪开和拉展。确定好剪开的位置和拉展量。在增加展开量时要考虑到以下几点：

- 面料类别——厚度和重量。厚重的面料有助于维持服装造型，因此增加的展开量会比较明显地显现出来。轻薄的面料增加的展开量可以大很多，因为增加的拉展量会以褶的形式下垂到裙摆处。

- 展开量的均匀性——将展开量均匀分散。一般不会只在侧缝处增加展开量，因为这样会改变面料的布纹方向。为了平衡前、后裙片，将增加的展开量等量的插入拉展宽度中，但前、后裙片底边的整体宽度可能不一样。

- 布纹方向——当样板的展开量很大时，就需要将其分割为几片，使得每一片都要有相同的布纹方向。分割片数取决于所设计的展开量的大小，这将在第4部分中进行探讨。

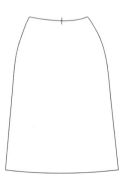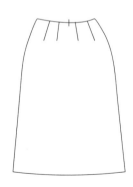

在裙子原型上进行
简单的剪开和拉展

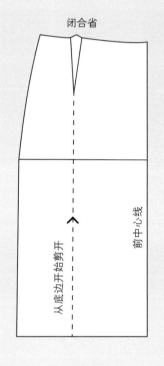

闭合省　　　　　　　　闭合省

前中心线

从底边开始剪开

初期样板前片　　　　　最终样板前片

这是用重新分配腰省的方法在底边处增加展开量。

制作步骤：

前裙片
1. 拷贝裙子原型的前片，并标记好所有相关的省道和臀围线。确定裙子的长度，再调整底边的宽度，最好能测量出臀高，然后沿原型将样板剪下。

2. 过省尖点画一条垂直于底边的直线。

3. 沿着这条直线从底边处剪开至省尖点，然后闭合腰省将其转移，使得底边展开。

4. 测量底边增加的量。

注：对于底边很大的设计来说，剪开到腰围线后再闭合腰省，将底边拉展到想要的宽度，要特别留意布纹方向、底边宽度和面料类型这几点。

5. 画顺腰围线和底边线以完成样板设计。

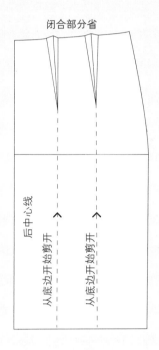

初期样板后片

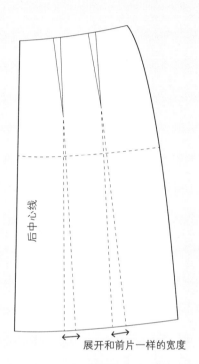

最终样板后片

制作步骤：

后裙片

1. 拷贝裙子原型的后片，并标记好所有相关的省道和臀围线。调整底边线，使其侧缝和前片侧缝等长，然后沿原型将样板剪下。

2. 过两个省尖点，从腰围线上各画两条垂直于底边的直线，这两条直线就是剪开线的位置。

3. 沿着这两条直线从底边处剪开至省尖点，将每个分割片的底边展开，其展开量和前片展开量一致。闭合省道，并使底边处的增量相等。后腰省的省量不会完全被转移，因为后腰省的省量比前腰省的省量大。

注：后裙片的底边拉展量是根据前裙片的拉展量而定的，要保证前、后裙片拉展量平衡。

4. 画顺腰围线和底边线以完成样板设计。

从三维到二维的基础原型
省道设计
合体分割线与展开量的控制
复杂款式线
增加展开量
增加体积感

臀部有育克的喇叭裙

2

这款裙子是在腰部和臀部合体，故需划分裙片的合体区和喇叭区。

省道

在画育克或分离后裙子的上半部分时，要保持腰省闭合。

育克

育克一般是含有腰省的，即腰省从其原来的位置转移到育克线中。

育克喇叭裙

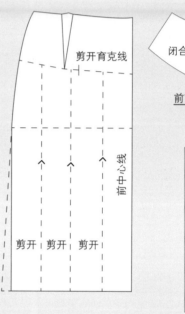

初期样板前片   最终样板前片

前

后

制作步骤：

前裙片
1. 拷贝裙子原型的前片，标记好所有相关的信息。

2. 育克：闭合腰省，用软质铅笔或标记带标记出从裙片的侧缝线（SS）到CF的育克线。在这个例子中，育克线下降至腰省尖点处（人台有助于观察育克线在立体时的真实效果）。保持腰省闭合，平铺样板调整线条。在这条育克线上至少要标记一个对位点。

3. 裙片下部：从育克线到底边画出间距相等并垂直于底边线的剪开线。

4. 沿育克线剪开，将裙片上部和下部分开。

5. 增加裙片的展开量：从底边处沿展开线剪开，一直剪到育克线的边缘——不能剪断，但要尽量靠近育克线。拉展剪开的这几条线，在每一部分中加入等量的展开量。根据设计造型，其展开量的大小是不同的。将侧缝线从臀围线处向底边画直，同时可增加更多的展开量（这一步骤可以在准备期来处理）。

6. 拷贝拉展后的样板，将线条画顺。将育克的CF线置于对折的纸上拷贝，得到完整的育克。在样板的中间位置画出布纹方向。

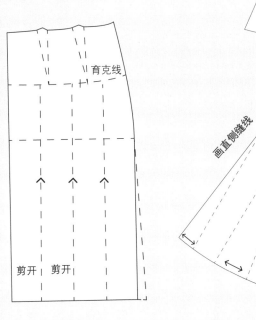

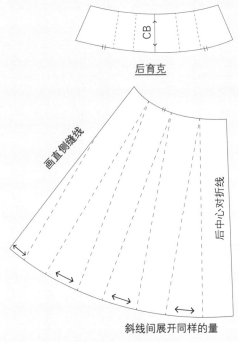

初期样板后片

最终样板后片

制作步骤：

后裙片

1. 拷贝裙子原型的后片，标记好所有相关的信息。

2. 育克：从裙片的侧缝线到CB用标记带标记出一条育克线，然后将腰省闭合。在这个例子中，育克线下降至腰省尖点处（人台有助于观察育克线在立体时的真实效果）。在平面纸样上闭合腰省后，再调整好线条。

注：在侧缝线处检查前、后裙片的育克线位置从腰围线下降的长度是否相等，后育克线可能会比前育克线的位置低一些。

在育克线上作出一些等间距的点——如果前、后片标记的不一样，可以有助于区分前、后片，对于后片可设定两种不同的间距。

3. 裙片下部：从育克线到底边画出等距的并垂直于底边线的剪开线。

4. 拷贝拉展后的样板，将育克线和底边线画圆顺，并标记出所有相关的信息，包括布纹方向。

答疑解难

前、后裙片的底边宽度可能不一样，但它们的展开量是相同的。

增加体积感

2

可以通过剪开、拉展的方法来显现出造型的体积感。如果体积感只存在于服装特定的部位，则只对此部分进行处理；如果体积感分布于整件服装，则体积感遍布整件服装。一般认为服装具有的体积感是在某一很小的范围内将服装的褶聚集于某一点。体积感的大小是由以下几点决定的：

- 设计
- 面料
- 在人体上的位置

陀螺裙

这个例子的体积感设定在腰围线处，并强调了体积感的效果。能达到这种效果的方法很多，如嵌入育克、分割衣片等。这种效果还可以应用到其他部位，如在袖子的下端增加体积感。

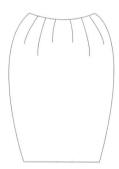

腰围曲线

拷贝拉展后的样板，并调节好腰围曲线以完成最终样板，其中要减去原腰围线比新画腰围线多出的部分。画好底边线，并检查前中心线和侧缝线是否与其相交并垂直。

陀螺裙

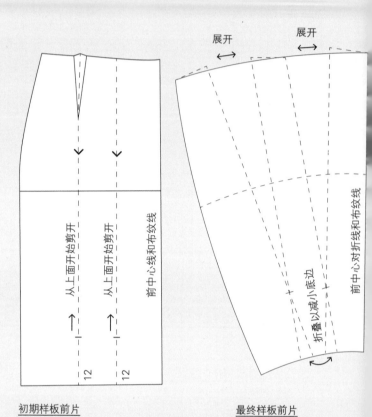

初期样板前片　　　　　最终样板前片

制作步骤：

前裙片
1. 拷贝裙子原型的前片到想要的裙长，标记好所有相关的信息。

2. 从底边处画两条垂直于底边线并过腰省到达腰围线的剪开线，其中一条距离前中心线6cm。根据裙子的长度，从底边线处向上12cm处做好标记。以这一点为旋转点，折叠底边使得上部的裙片展开形成省道。

3. 沿腰围线将这两条线剪开，一直剪至剪开线上标记的点，在腰围线上的展开量要等量分配。展开量的大小是依据造型、服装和在人体上的拉展位置而定的。

4. 在标记的旋转点下部，将底边折叠，这样就减小了底边（但要保证便于行走的底边最小量）。底边的折叠量能够控制裙子上部的体积感，底边折叠量直接影响裙子上部展开量的大小，因此会影响其体积感。

5. 拷贝拉展后的样板，并调节好腰围曲线以完成样板的绘制，其调整后的腰围线不在原有腰围线的位置上。画好底边线，并检查前中心线和侧缝线与其相交是否垂直。最后，对称将其绘制为一完整的样板。

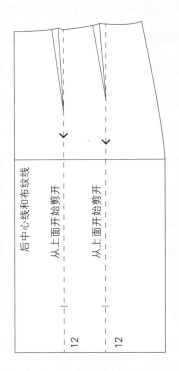

初期样板后片

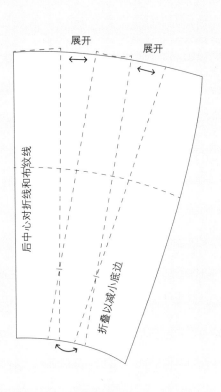

最终样板后片

制作步骤:

后裙片

1. 拷贝裙子原型的后片,并标记好所有相关的信息。

2. 从底边处画两条垂直于底边线并过腰省到达腰围线的剪开线,从底边线向上12cm处做好标记,此点为剪开止点。

3. 按前裙片的制作步骤将增加的展开量等量地分配到剪开线的腰围处。

4. 和前裙片一样拷贝拉展后的样板并修正线条,最后将其对称绘制为一完整的样板。

58   **样板设计基础**　　从三维到二维的基础原型
　　　　　　　　　　　　　　省道设计
　　　　　　　　　　　　　　合体分割线与展开量的控制
　　　　　　　　　　　　　　复杂款式线
　　　　　　　　　　　　　　增加展开量
　　　　　　　　　　　　　　增加体积感

2

在袖口处增加体积感
灯笼袖

　　本例是在袖片样板的下半部分增加展开量。在袖片上剪开、拉展的方法与在裙片上是一样的，在手腕（袖口）处的展开量要很大，而在袖山处的展开量则很小。但也可以倒置（如陀螺裙），使展开量集中在袖片的上部，在手腕（袖口）处则不展开。

　　在制板前要将体积增大量和袖长设定好，所以要先制出测试样本。袖子的制作方式，如有松紧带、滚条或袖克夫——这些都会影响袖子的长度。如果袖克夫较宽，则要将袖长减少比袖克夫宽少2cm或3cm的长度。

灯笼袖

初期样板

最终样板

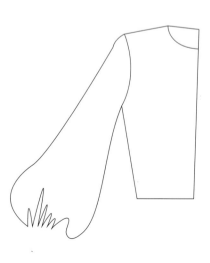

制作步骤：

1. 拷贝整体的袖子基本原型，标记出袖山深线、袖中线和袖衩。

2. 沿垂直于袖山深线画四条平行的剪开线，袖中线两侧的线条间距约为6cm。

3. 从袖口至袖山弧线沿这四条直线剪开，但不要剪断。

4. 拉展每一条展开线，在中间的两条展开线中平均增加多一点展开量，在侧边的两条展开线平均增加少一点展开量，这样其增加量分配就平衡了。测试你所需要的展开量（从反方向看），但一般需要将完成的袖口进行两次抽褶。

5. 在袖长上减去袖克夫的宽度，但在靠近袖中线的位置要加长1~3cm，以此来调节袖口线。

泡泡袖

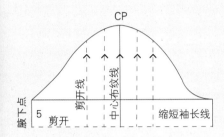

初期样板

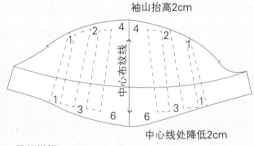

袖山抬高2cm

中心线处降低2cm

最终样板

在袖山处和袖口处增加体积量
短泡泡袖

在这个例子中，利用剪开和拉展的方法将体积量增加到袖山处和袖口处，同时还展示了在不同分割片中添加不同展开量是什么效果。为了获得更明显的体积感和泡泡袖的效果，本例还增大了袖山的高度和宽度。

制作步骤：

1. 按设计袖长拷贝袖子基本原型（本例的袖长在腋下点5cm处），画出袖中线和袖山深线——在剪开拉展时这两条线有助于控制造型。

2. 从袖口至袖山弧线画出等间距（约6cm）的剪开线，并且垂直于袖口线和袖山深线，袖中线也作为剪开线。

3. 沿袖片的轮廓线剪下，沿剪开线剪开，并拉展所有被剪开的袖片。

4. 在另一张纸上画好新的中心线，并画出一条垂直于袖口线的直线，这两条线将作为参考线。

将剪开的袖片小心的放在一张纸上，并标记出袖中线，利用袖山深线作为保持样板水平的参考线。

在袖山弧线处从袖中线分别向外按4cm、2cm、1cm的展开量对称拉展。

5. 固定拉展后的袖片顶端，在袖口处从袖中线分别向外按6cm、3cm、1cm的展开量对称拉展。你会发现拉展影响到袖子上端的造型，袖山弧线会变得不圆顺。用大头针固定样板。

6. 增加袖口线和袖山弧线的长度，在袖山中线处向上抬高2cm（抬高量主要是依据款式和面料而定），在袖口中线处向下降低2cm（和袖山中线处的抬高量一样）。最后将袖山弧线和袖口曲线画圆顺。

成品

在袖长方面要考虑松紧带、袖克夫、滚条和其他的后处理，因为这些因素决定了如何完成袖子的制作。

体积量的大小

可以通过面料抽褶来测试你所想要增加的体积量大小，要考虑它的成型效果并做出相应的调整。测量出袖子抽褶后的宽度，然后再打开褶，展开时就可知道每一分割片所增加的体积量是多少。

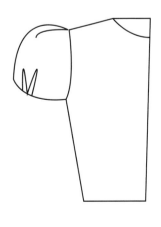

3

服装廓型

　　本章阐述样板制作是如何影响服装廓型、造型和合体性的。理解廓型怎样决定服装的整体效果是一项基本技术。本章将特别介绍怎样设计直线型、倒三角型、方型、梯型、沙漏型、圆顶型、灯笼型、蚕茧型、气球型等服装廓型。

3

廓型设计

3

服装设计是为人体设计服装。人体是服装设计的依据，服装展示人体的曲线，或依据人体来指导服装的结构设计。

服装设计体现了廓型设计原理，廓型设计原理是设计的基础，廓型就是通常所说的轮廓，但一件服装可以被制作成很多种廓型，所以本书倾向于使用"廓型"这个术语。

服装廓型（和比例）与文化和社会变迁有关，并体现出社会变迁的方向。20世纪早期的直线型服装是对人们穿着紧身胸衣的解放，人体也从过分装饰和约束的服装中解脱出来。它代表了一种时尚，简约的线条和少量的表面装饰是它的特征，也是女性解放的象征。这也是20世纪60年代的服装廓型，在那个时空旅行和未来主义思潮的时代中出现了新潮的文化，而且在时尚界中充斥着儿童化倾向的裙子。20世纪90年代，服装廓型是极简且抽象的，并采用简约设计。

夸张的服装廓型与特定的环境有关，例如，迪奥设计的套装——著名的沙漏型，忽略面料的影响，用15码（1码＝0.9144米）面料在紧身胸衣上制作出凸显臀部的裙子。这一设计说明了战争年代的简朴着装和有限的面料供应，并产生了凸显女性丰满臀部的心理暗示。战后的国家需要重建，多年的男性化工作以及穿着粗糙面料制作的男性化服装，使得女性迫切需要女性化廓型的服装。

另一个例子是在20世纪80年代，当时女性生活在男性主导的世界里，开始穿着加强肩部线条廓型的时装，以此来传达"刚劲"的讯息，这些廓型模仿了男性的宽肩并加以夸张。刚劲也在真实的人体廓型和运动中得以体现，通过穿着合体的紧身衣来展现这种健美的体形。

有趣的是，在20世纪40年代，相似的廓型潮流已经出现。一时间，女性必须从事男性的工作，并要穿着套装或制服。而且，在时装界所有领域中，方型肩的采用都模仿了男装的裁剪。然而，这并没有像20世纪80年代那样极端，这是因为尽管女性已经在从事男性的工作，但是她们还未传达出一种要进入男性职场的愿望。

廓型受很多文化和历史的影响，本书据此来阐释时装设计。

廓型是样板制作的一个重要开始点，从廓型出发可以形成许多设计理念。本书按以下顺序来介绍：设计、廓型、合体性和细节设计。最终所有的东西都可以归结于廓型，并且这有助于思考比例和平衡，而这些又是设计师和制板师花费多年时间才能提炼得到的。

本章强调了创建最普通廓型的方法，并与其他章节相关联。

亚历山大·黑塞哥维塔
（Alexandre Herchovita）

有时我是一个感性的人，但也会理性地考虑廓型。

对面页
T台上的廓型
在本章中提到的九种廓型：

上行从左到右：
普拉达（Prada）2010年春夏（梯型），路易威登（Louis Vuitton）2009年秋冬（气球型），唐娜·卡兰（Donna Karan）2010年秋冬（蚕茧型）。

中行从左到右：
查普林（Chapurin）2011年春夏（圆顶型），加雷斯·普（Gareth Pugh）2012年春夏（沙漏型），奇·戈（Tse Goh）2010年中央圣马丁学院硕士毕业秀（倒三角型）。

下行从左到右：
尼科尔·法里（Nicole Farhi）2012年春夏（灯笼型），马尼什·阿罗拉（Manish Arora）2007年秋冬（直线型），埃米利奥·德拉·莫雷纳（Emilio de la Morena）2009年秋冬（方型）。

64 **服装廓型**   廓型设计   沙漏型
              直线型   圆顶型
              倒三角型   灯笼型
              方型   蚕茧型
              梯型   气球型

直线型

3

  简单的直线型是最经典并被广泛应用的廓型，常被称为"A型"。直线廓型是很多服装设计的基础，尤其是宽松直筒式连衣裙和上衣。20世纪60年代玛丽·奎恩特（Mary Quant）的迷你裙就是这种廓型，现在仍流行于很多设计师的系列作品中。这种廓型几乎可以是直线条的，但通常底边较宽，这是因为当我们从上往下看时，在视觉上减小了宽度，所以加宽底边使得视觉上更令人满意。该廓型也是宽底边廓型的基础，如梯型。

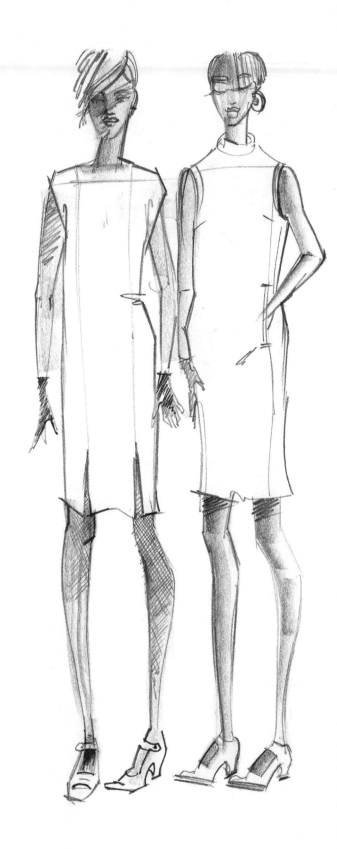

视觉杂志
  庆祝每一天……

3

制作直线廓型

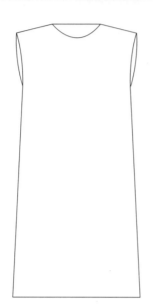

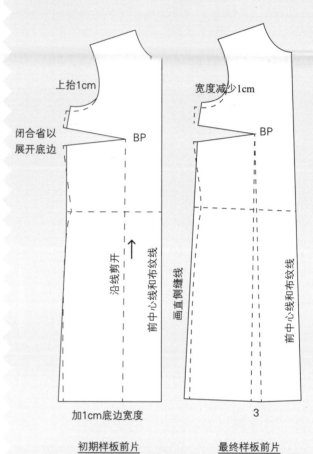

上抬1cm   宽度减少1cm

闭合省以
展开底边

BP   BP

沿线剪开 ↑
前中心线和布纹线

画直侧缝线

前中心和布纹线

加1cm底边宽度   3

初期样板前片   最终样板前片

制作步骤：

前片

1. 拷贝衣身原型前片，将胸省转移到侧缝中，从臀围线向下延长至设定的衣长，并标记出所有相关信息。

2. 作一条剪开线垂直于底边线并连接到BP点，剪开这条线至BP点止，将胸省部分闭合，使得底边处的展开量为3cm（闭合的胸省量越大，底边的展开量就越大）。

3. 侧缝：将腋下点至少上抬1cm，胸宽减少1cm或依据合体性减少得更多。从新设定的腋下点到原底边线向外1cm处画一条曲线，这条曲线经过臀宽点。

4. 重新画好袖窿弧线，拷贝修改后的样板，将底边画好。拷贝样板时将胸省闭合。

5. 将胸省省尖偏离BP点5cm，以减短省长。闭合新的胸省，再绘制出侧缝线。

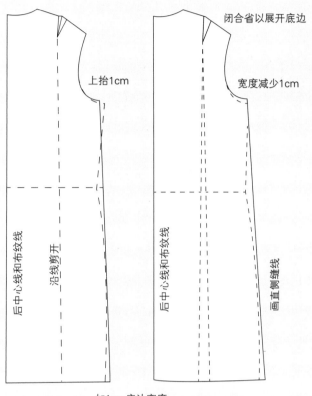

闭合省以展开底边

上抬1cm

宽度减少1cm

后中心线和布纹线

沿线剪开

后中心线和布纹线

画直侧缝线

加1cm底边宽度

初期样板后片   最终样板后片

制作步骤:

后片
1. 拷贝衣身原型后片,延长臀围线向下的长度与前片相匹配,并标记出所有相关信息。

2. 作一条剪开线垂直于底边线并连接到肩省尖点。

3. 与前片一样调节袖窿宽和袖窿深。从新设定的腋下点至原底边线向外1cm处画一条直线,这条直线经过臀宽点,与前片相匹配。重新画好新的袖窿弧线。

4. 沿剪开线剪开至省尖点,慢慢闭合肩省直至将底边展开3cm或更多,这将使得肩省减小。

5. 重新拷贝全部样板,完成样板制作。

倒三角型

当简单的肩部进行复杂的结构造型时，倒三角廓型被广泛运用。该廓型在20世纪八九十年代和21世纪初都很受欢迎，出现在很多不同的服装造型上。不同的面料可以使这种廓型看起来很不一样，本页所示的样衣例子是由竹纤维制成的，有很好的立体感，并有很好的悬垂性。尝试用不同的面料来体会这一廓型的可能效果是值得的。

视觉杂志

通过保持紧身合体的臀部和较窄的底边设计来维持服装上部的平衡以达到倒三角廓型的效果。

3

制作倒三角廓型

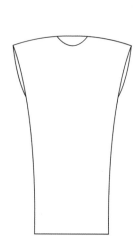

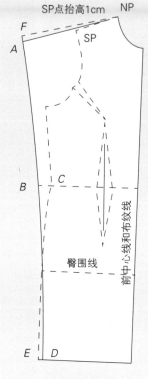

SP点抬高1cm   NP

初期样板前片

NP—A = 27cm

B—C = 3cm

E—D = 1cm

A—F = 1.5cm

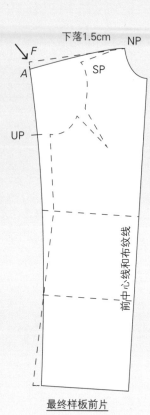

下落1.5cm   NP

最终样板前片

真丝汗布

有机竹丝绸

制作步骤：

前片

1. 拷贝有袖窿省的衣身样板，从臀围线向下延长至设定的长度，画一条垂直于前中心线的底边线。标记所有相关的省道、腰围线和臀围线。

注：如果从基础原型开始，要先将省道转移到袖窿的位置。

2. 肩线：将SP点抬高1cm，画一条临时的新肩线NP—F（27cm）。A点在F点下1.5cm，与NP—F线成直角。经过抬高的SP点画一条圆顺的曲线NP—A，完成最终肩线的绘制。

3. 侧缝线：腰围线从C点向外延长3cm处标记为B点。底边线从E点处向内收进1cm，标记为D点。从新肩线的肩端点（A点）经过B点至底边线上的D点画一条曲线，这条曲线垂直于新肩线，但要保证从臀围线至D点之间的线条是直线。

4. 在这条新的侧缝线上标记新的腋下点、腰宽点、臀宽点。

5. 重新拷贝全部样板，完成样板的制作。

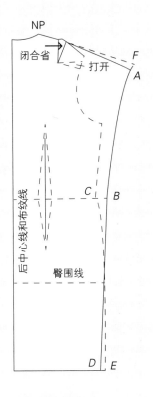

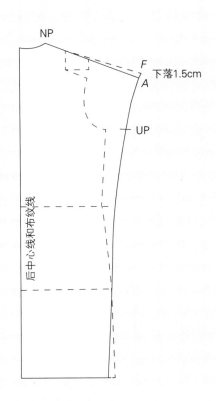

初期样板后片
NP—A = 27cm
B—C = 3cm
E—D = 1cm
A—F = 1.5cm

最终样板后片

制作步骤:

后片

1. 拷贝衣身的后片样板,向下延长臀围线至底边的长度与前片的长度相匹配。标记所有的省道、腰围线和臀围线。底边线与后中心线垂直。

2. 肩线:将肩省转移至袖窿处,SP点抬高1.5cm与前片相匹配。

3. 画一条临时的新肩线NP—F(27cm)。A点在F点下1.5cm,与NP—F线成直角。经过抬高的SP点画一条圆顺的曲线NP—A,完成最终肩线的绘制。

4. 侧缝线:腰围线从C点向外延长3cm处标记为B点,底边线从E点处向内收进1cm,标记为D点。从新肩线的肩端点(A点)经过B点至底边线上的D点画一条曲线,这条曲线垂直于新肩线,但要保证从臀围线至D点之间的线条是直线。

5. 重新拷贝全部样板,完成样板的制作。在新的侧缝线上标记新的腋下点、腰宽点、臀宽点。

方型

3

虽然描述为"方型"，但是方型的廓型设计样板实际上是长方形的，因为长比宽大。这种廓型的服装也被称为土耳其式长衫，在20世纪70年代很受欢迎，嬉皮时尚潮流的灵感来源于当时的农民服饰。通常，这种廓型的服装比所举实例更为经典——肩线是倾斜的，手臂下的面料较少。这种无省的宽松造型没有严格的侧缝线。选用柔软的面料能使这种廓型的服装自然地浮于人体（如雪纺绸、丝绸等），或者一些有悬垂性的面料（如针织物）。如果将肩线继续改斜，并继续减小袖隆量，则会成为斗篷或蝙蝠袖服装。这种袖子的板型又被称为连身袖，即指袖子作为上衣样板的一部分来裁剪。

伦敦2010年时装展
　　梅森·马丁·马吉拉（Maison Martin Margiela）的服装轮廓中，肩部是一个很重要的元素。

3

制作方型廓型

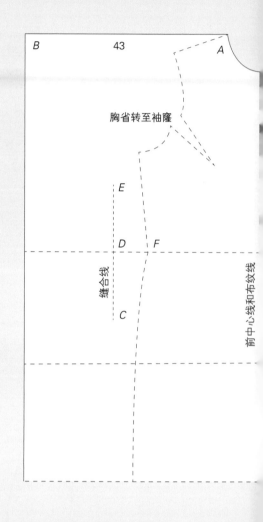

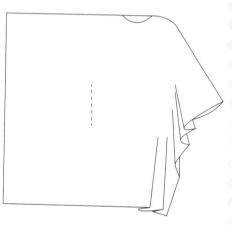

胸省转至袖窿

缝合线

前中心线和布纹线

最终样板前片
A—B = 43cm
C—D = 15cm
D—E = 10cm
F—D = 10cm

制作步骤:

前片

1. 预留出足够的宽度，拷贝上衣前片样板，并标记腰围线和臀围线。按照要求将底边往下加长（腰围线下24cm）。为了不影响其他部位的尺寸，胸省必须转移至袖窿位置，但不需要在样板上标记出来，因为它不需要缝合。

2. 画一条垂直于前中心线的腰围延长直线，平行于这条直线画一条经过NP（侧颈点）长43cm（袖肘长）的直线，标记出SP点（肩端点）。

3. 从肩线至底边线画出样板的基础线条，底边线垂直于前中心线。

4. 在腰围延长线上标记出侧缝缝合止点（10cm），留出宽余量。根据此点在腰围线以上10cm处和以下15cm处标记缝合线，完成样板。

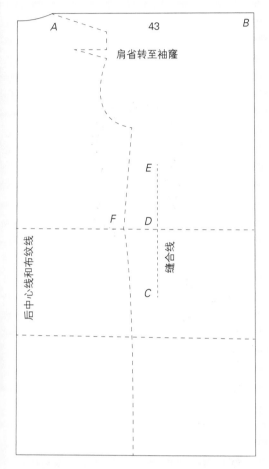

最终样板后片
A—B = 43cm
C—D = 15cm
D—E = 10cm
F—D = 10cm

答疑解难

在你开始制作之前，先计算出制板需要宽度是多少的纸张，因为它不只有原型的宽度，还要包括袖子的长度。

制作步骤:

后片

1. 预留出足够的宽度，拷贝上衣后片样板，标记腰围线、臀围线和肩省。将肩省转移至袖窿位置，按照要求将底边往下加长（腰围线下24cm）。

2. 画一条垂直于前中心线的腰围延长直线，平行于这条直线画一条经过NP（侧颈点）长43cm（袖肘长）的直线，标记出SP点（肩端点）。

3. 从肩线至底边线画出样板的基础线条，底边线垂直于后中心线。

4. 在腰围延长线上标记出侧缝缝合止点（10cm），留出宽余量。根据此点在腰围线以上10cm处和以下15cm处标记缝合线，完成样板。

【案例研究】
佐伊·哈克斯（Zoe Harcus）

　　佐伊的时装系列是扁平箱子激发出的灵感，翻至背面的部分当折叠时呈箱型。

　　这种方肩的箱式造型塑造了方型廓型，而且可以有很多应用的方式。加长的肩部可以折叠，可产生角度的变化。袖子有上、下两部分，可以使肩部一直延长到袖子。采用复杂的样板和结构创造出一种简单的方型廓型。

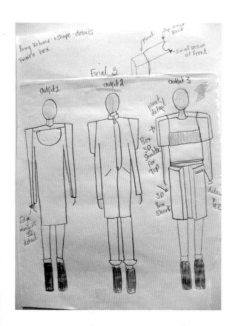

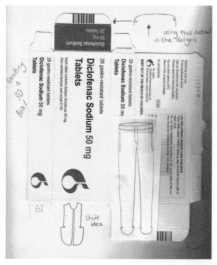

前衣身

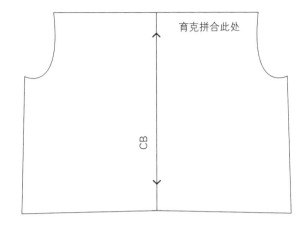

后衣身

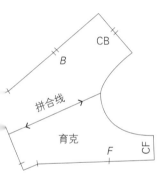

后片在肩部缝合，形成从前片到后片的育克。
、后肩线将袖子的上部拼合。

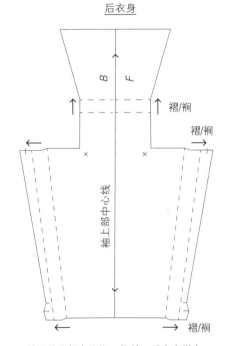

袖子的顶部有褶裥，将前、后育克拼合。

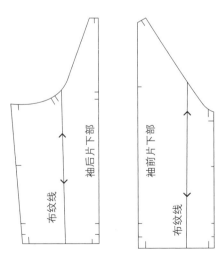

将袖子的下部与衣身和袖子上部拼合。

78 　　服装廓型

廓型设计　　　沙漏型
直线型　　　　圆顶型
倒三角型　　　灯笼型
方型　　　　　蚕茧型
梯型　　　　气球型

梯型

3

　　梯型廓型是一种宽松的直线型或是A型，它在需要的地方适量增加宽松度。面料决定底边增加的展开量。

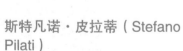

斯特凡诺·皮拉蒂（Stefano Pilati）

　　因为这是伊夫·圣·洛朗（Yves Saint Laurent）的时装，所以我考虑这个廓型。

3

制作梯型
廓型

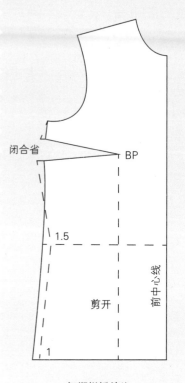

闭合省　　　　　　　BP

1.5

剪开　　　　前中心线

1

初期样板前片

闭合省

补充斜线

〈打开〉
10cm

过程中样板前片

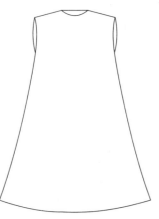
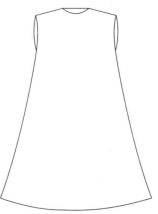

制作步骤：

前片

1. 拷贝侧缝处有胸省的上衣样板，标记所有相关的省道、腰围线、臀围线。按照要求加长到设定长度，且底边线与前中心线成直角。

注：本例中展开的宽度标记在括号内。

2. 首先闭合侧缝处的胸省。在腰围线向外1.5cm处和底边向外1cm处做标记点。从腋下点到新的腰宽点画圆顺的曲线，并用直线连接新的腰宽点和臀宽点形成新的侧缝线。从底边线至BP点画一条虚线。然后依据新的侧缝线裁下样板。

3. 剪开底边至BP点的虚线，闭合胸省使得底边打开。测量展开的宽度并做好标记，因为后片相应也要展开相同的量（10cm）。

4. 从底边线至腋下画一条补充斜线，沿此线剪开在底边处加入4cm的展开量。

5. 将修改之处的底边线画圆顺，重新拷贝整个样板。

6. 布纹线：如果衣身的前中心线不破开，布纹线就画在前中心线位置。如果前中心线破开，则在样板的中间画出布纹线。这样会使展开量分配得更均匀。

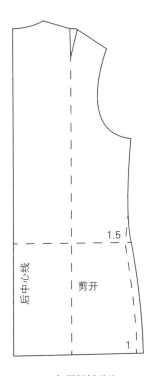

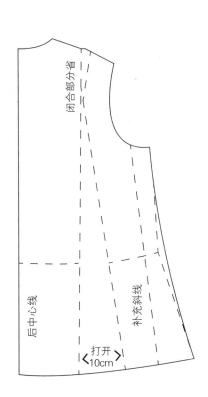

初期样板后片 　　　　　过程中样板后片

作步骤：

片
拷贝上衣后片样板，标记出有相关的省道、腰围线、臀线。按照要求加长至设定长，且底边线与后中心线成直。

在腰围线向外1.5cm处和底向外1cm处做标记点。从腋点到新的腰围点用平缓的曲画一条新的侧缝线，且将新腰宽点和臀宽点用直线连。从底边线至肩省省尖画一虚线。依据新的侧缝线裁下板。

3. 剪开底边线至肩省省尖的斜线，关闭肩省使得底边展开与前片相同的量（10cm）。从底边线至腋下画一条补充斜线，沿此线剪开，在底边处加入4cm的展开量。

注：会有部分肩省余量。

4. 在修改的地方画圆顺底边，重新拷贝整个样板。

5. 布纹线：同前片。

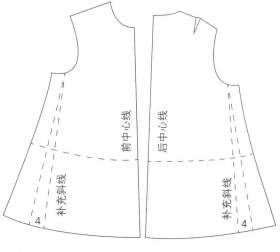

最终样板前片　　　　　最终样板后片

沙漏型

3

沙漏型是较受欢迎的廓型之一，因为它凸显了女性的曲线体型，而且是从紧身变化到很有体积感，并凸出臀部。它是一种较易获得的廓型，因为它依赖于人体体型来展现，并可在人台上成功展示。该廓型强调肩部和臀部，造成腰部较细的错觉，所以设计时要考虑相关的比例。

像沙漏型这种合体性较好的廓型得益于分割线。分割线可以将省道转入缝份，因此没有如BP这样的尖点，可以采用分割线使服装表现出较好的合体性。第2部分已详细介绍了分割线（见44~49页）。

本例主要介绍从袖窿经过BP点至前中心线的分割线画法，并将胸省转入分割线。这样就分割了上衣部分，称为育克。后片的上部包括直线形育克和肩省。

卡罗琳娜·埃莱拉
（Caroline Herrera）

设计师的脑海里总有创意的想法，难的是将这些想法变成现实。

3

制作有前、后育克的经典沙漏型连衣裙

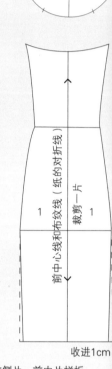

育克

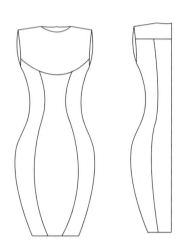

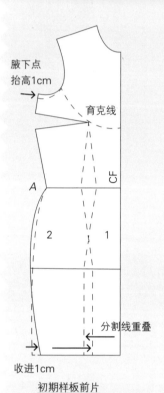

腋下点
抬高1cm

育克线

CF

A

2　　1

分割线重叠

收进1cm

初期样板前片

闭合省

前中心线和布纹线
裁剪两片

2

B

前中心线和布纹线（纸的对折线）
裁剪一片

1　　1

收进1cm

前育克、前侧片、前中片样板

制作步骤：

前片

1. 拷贝侧缝处有胸省的上衣前片样板，并加长至设定长度。由于是无袖连衣裙，将腋下点（UP）抬高1cm。

2. 画出新的侧缝线。新的侧缝线从腰围线处开始向外凸出以突显臀部，底边处向内收进1cm。采用制板工具可以辅助画出合适的曲线。

3. 以袖隆弧线为起点，经过BP点，与前中心线（CF）垂直，画一条弧形的育克线。在分割前标记对位点。

4. 画出衣身分割线，分割线包含腰省、臀围线上增加的宽余量。在两边的缝合线上添加对位点。

分割片

5. 裁下育克，把衣片前中心线对位在对折的纸上，以得到整片样板。

6. 拷贝衣片，画出侧缝线A—B的曲线，使臀围外凸且底边减小1cm。闭合胸省，将胸省转移入育克线中。

　将育克对称拷贝成一整片样板。

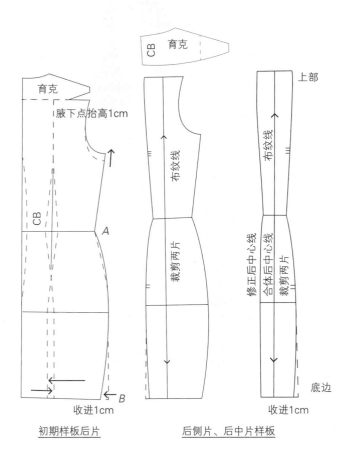

初期样板后片   后侧片、后中片样板

图中标注：
CB 育克
育克
腋下点抬高1cm
CB
A
布纹线
裁剪两片
上部
布纹线
修正后中心线
合体后中心线
裁剪两片
底边
收进1cm
B
收进1cm

制作步骤：

后片
1. 拷贝上衣后片样板，裙片加长的长度同前片。将腋下点（UP）向上抬高1cm。

2. 画出新的侧缝线。新的侧缝线从腰围线处开始向外凸出以突显臀部，底边处向内收进1cm。采用制板工具可以辅助画出合适的曲线。

3. 画出与后中心线垂直的育克线，经过肩省省尖到袖窿弧线上。在两边的缝合线上添加对位点。

4. 画出分割线，分割线包含腰省、臀围线上增加的宽余量。在两边的缝合线上添加对位点。

5. 后中心线在腰围线处收进1cm，重新画后中心线。

分割片
6. 裁下育克。关闭肩省，省尖处用圆顺的线条画顺。

7. 拷贝衣片，画出侧缝线A—B的曲线，使臀围外凸且底边向内收进1cm。

【案例研究】
卡沙夫・卡里克（Kashaf Khalique）

在腰围线下放一个圆形的填充物，以达到丰满臀部造型的效果，塑造出沙漏廓型。大的斜向省道消除了臀围处多余的松量，可在人台上试衣时用圆形的填充物进行调整。利用前身的折纸造型将胸省收于其中，并隐藏起来。

卡沙夫・卡里克设计的这件作品是受迪奥的沙漏廓型和折纸的启发。

最后的成衣
通过斜向的、大省量的腰省来塑造夸张臀部的沙漏廓型。臀部廓型有填充物支撑。

整个前片
以中心向外辐射的线条来绘制折纸造型。

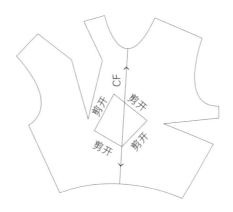

加省
从肩部到BP点画一条新省道，与折纸的上边
角相连，将胸省和腰省转移至这条省道中。
另一侧，剪开侧缝省到BP点，闭合腰省。

折纸
将折纸插片的前中部分拷贝下来。
这部分需要被裁下后缝合。

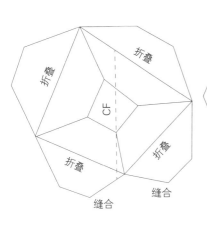

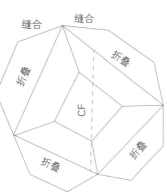

折纸形状
将外延部分扣折到后面，修剪并
缝合，塑造出折纸形状。

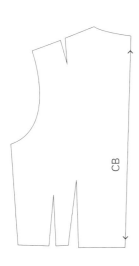

上衣后片
有两个腰省，与裙子的省
道相匹配。

裙子后片
用斜向的、大省量的腰省
来塑造丰满臀部的效果。

裙子前片
同样有斜向的、大省量
的腰省。

圆顶型

　　圆顶型是一种很有建筑感的廓型，用一种视觉冲击力强烈的造型环绕肩部并用面料包住手臂。想获得这种廓型，最好使用能保持这种廓型的面料，柔软、悬垂的面料则不适合。手臂因被袖子的角度限制，故需要合适的袖口宽度，即将规格表中的袖口宽度加大。

视觉杂志
　　现代未来主义雕塑和渐变的柔美造型为建筑和时尚提供了灵感。

3

制作圆顶型廓型

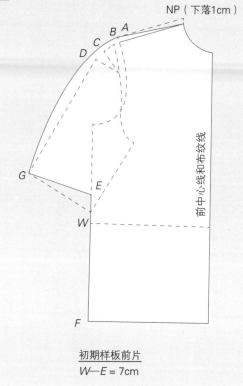

初期样板前片
$W—E = 7cm$

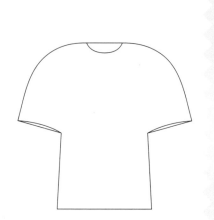

制作步骤：

前片

1. 拷贝上衣前片样板（从袖窿省到底边），侧颈点处下落1cm画一条新的肩斜线，于是就将肩斜线往前移了。

2. 拷贝袖片原型，在袖中线下落4cm处画一条水平线并与其成直角。从袖中线处剪开袖山弧线。

3. 将袖山顶点放在距肩端点1cm处，在距离肩端点2cm处打剪口，使袖肘线下降并与衣片侧缝相接（如虚线所示）。

4. 肩端点向上抬高1cm（到达原肩端点的位置）。腰围线上7cm处作为袖口的位置，定为E点。从侧颈点NP经袖端点SP至袖口，画一条圆顺的曲线，并确保袖肥比原型袖肥稍微宽一些。

5. 画袖口线，使其与袖中线垂直，并与E点相交。

6. 用直线连接E—F点，并画出垂直于前中心线的底边线，完成样板。

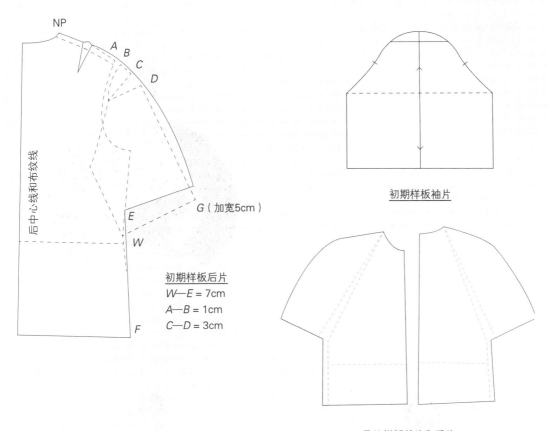

NP

A B C D

后中心线和布纹线

G（加宽5cm）

E

W

F

初期样板后片
W—E = 7cm
A—B = 1cm
C—D = 3cm

初期样板袖片

最终样板前片和后片

制作步骤：

后片

1. 拷贝上衣后片样板至底边线（臀部）的长度。将肩斜线向前移1cm。

2. 拷贝袖片原型，在袖中线下降4cm处画一条水平线与其成直角。从袖中线处剪开袖山弧线。

3. 将袖山顶点放在距肩端点1cm处，在距离肩端点2cm处打剪口，使袖肘线下降并与衣片侧缝相接（如虚线所示）。

4. 肩端点向上抬高1cm。腰围线上7cm处作为袖口的位置，定为E点。从肩省经新的肩端点SP至袖口，画一条圆顺的曲线，并确保袖肥比原型袖肥稍微宽一些。

5. 画袖口线，使其与袖中线垂直，并与E点相交。

6. 用直线连接E—F点，并画出垂直于后中心线的底边线，完成样板。

答疑解难

为了得到更多的运动松量，将侧缝到NP点的线剪开拉展，增加一个宽余量（3cm），然后再重新画好侧缝线和袖口。前、后片都按照这样制作。

【案例研究】
安娜·斯密特（Anna Smit）

　　加里·法比安·米勒（Garry Fabian Miller）是创造"无摄影机式摄影"的艺术家，受他作品的启发，这一系列的时装设计元素全是关于来自黑色表面的混合光和混合颜色的圆圈。具有强烈冲击力的轮廓和结构是安娜作品的重要元素。这些作品大胆运用了圆顶型，通常只需要一些由省道和折叠构成的样板。服装的印花依据服装的线条而设计，每一件服装的印花都是单独完成的。混合颜色和混合光都是由黑色构成，这就需要利用反光材料，如罗缎、漆皮、尼龙网布。整个作品中使用的水晶般的面料暗藏了奢华的设计元素，如使用在袖子和底边的边缘，或是在定制的方型鞋的边缘。

"照明"系列的最终服装造型

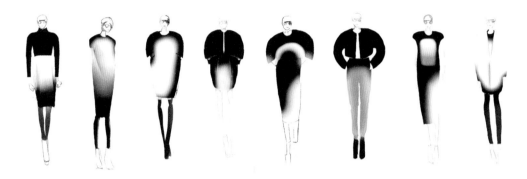

"照明"系列的最终服装展示

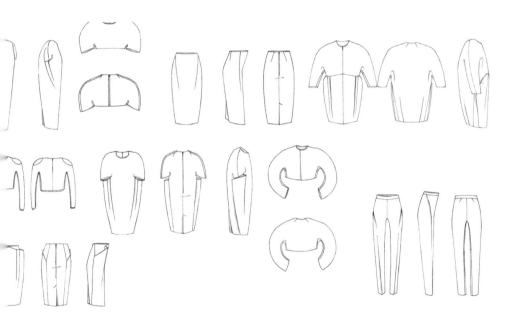

"照明"系列的服装款式图

灯笼型

3

灯笼型廓型是在造型需要丰满的地方添加水平缝纫线，添加位置依据设计而有所不同，袖子样板的制作也是相同的过程。通过样板的展开和斜线处理来增加灯笼型分割线的长度，其中面料将决定其穿着效果：硬挺的面料穿着直挺，重或软的面料穿着会下垂。过多的分割线展开量会产生波浪效果或结构不均衡。

视觉杂志

三维轮廓线塑造出现代的结构形态……用圆型轮廓来塑造臀部曲线和灯笼裙造型。

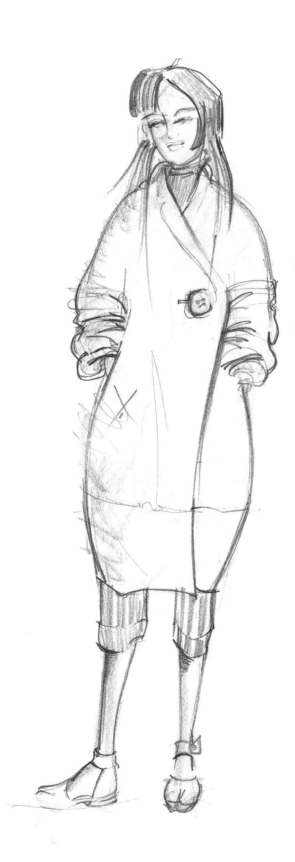

3

制作灯笼型廓型

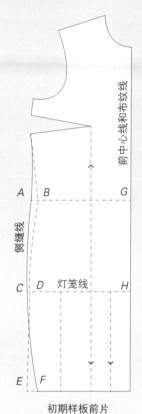

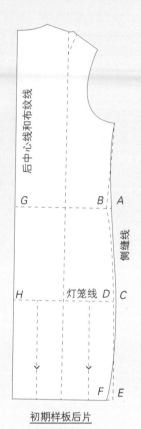

初期样板前片   初期样板后片

曲线

　　一凸一凹两条曲
线缝合，塑造出灯笼
廓型。

制作步骤：

前片

1. 拷贝上衣前片样板，将胸省转
移到侧缝中，标记所有相关的内
容。裙长按照要求加长到需要的
长度（腰围线下46cm）。

2. 侧缝线：在腰围线处放宽
1.5cm（A—B），在臀围线处
放宽1cm（C—D），底边线
向内收进2cm（E—F）。闭合
胸省，用圆顺的曲线从腋下点
UP经过A点、C点到F点画侧缝
线，然后重新打开胸省。

3. 灯笼线：画一条垂直于前
中心线的直线为灯笼线（G—
H=24cm），灯笼线为造型
线。从BP点画一条垂直于底边
线的剪开线。另外再画两条至
灯笼线的剪开线，位置在第一
条虚线（剪开线）两侧且左右
距离相等。在剪开、拉展前要
标记出对位点。

在分割的衣片上添加展开量

4. 前片上部：从灯笼线向上剪
开至BP点，完全闭合胸省以展
开底边（10cm）。如果需要，
可以使用拉展和分割的方法增
加更多的展开量。画一条圆顺
的弧线并测量其长度。

5. 前片下部：三条剪开线均
从灯笼线向下剪开至底边线。
平均打开每一部分，使得三个
部分与前片上部的展开长度相
同（三个部分的展开量分别为
3.3cm、3.3cm和3.4cm）。画
一条圆顺弧线并检查与前片上
部的缝合线长度是否相同。

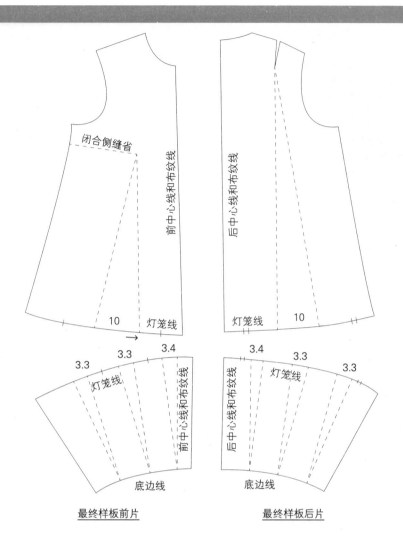

闭合侧缝省

前中心线和布纹线

后中心线和布纹线

10   灯笼线

灯笼线   10

3.3   3.3   3.4

3.4   3.3   3.3

灯笼线

前中心线和和布纹线

后中心线和布纹线

灯笼线

底边线

底边线

最终样板前片   最终样板后片

制作步骤：

后片

1．拷贝上衣后片样板，裙长加长到所要求的长度（46cm）。标记所有相关内容。

2．侧缝线：在腰围线处放宽1.5cm（A—B），在臀围线处放宽1cm（C—D），底边线向内收进2cm（E—F）。用圆顺的曲线从腋下点UP经过A点、C点到F点画侧缝线。

3．灯笼线：画一条垂直于后中心线的直线为灯笼线（G—H=24cm）。从BP点画一条垂直于底边线的剪开线。另外在后片的下部画两条至灯笼线的剪开线，位置在第一条虚线（剪开线）两侧且距离相等。使用不同的点标记前后点以利于区分衣片。

4．后片上部：从灯笼线向上剪开到肩省省尖点。完全闭合肩省以打开底边（10cm）。如果需要，可以使用拉展和分割的方法增加更多的展开量。画一条圆顺的弧线并测量其长度。

5．后片下部：三条线均从灯笼线向下剪开至底边线。平均打开每一部分，使得三个部分与后片上部的展开长度相同（三个部分的展开量分别为3.3cm、3.3cm和3.4cm）。画一条圆顺弧线并检查与后片上部的缝合线长度是否相同。

98   **服装廓型**

廓型设计	沙漏型
直线型	圆顶型
倒三角型	灯笼型
方型	**蚕茧型**
梯型	气球型

蚕茧型

3

    蚕茧型廓型就如同字面上所说的那样，用面料包裹住人体。在底边处（和/或上部）采用省道或褶裥和折叠来减少面料量是必要的。

    下面所介绍的案例是采用和服袖，以及利用底边处的分散省道来减少整体造型的体积感。这样制成圆肩线和侧缝线，包裹住人体。这些省道可以被缝合的塔克或褶裥代替，或转移至省缝线中，并可在褶裥中加入更多的展开量以得到柔和、丰满的蚕茧型廓型。所使用的面料决定了蚕茧型的穿着效果：硬挺的面料会塑造出硬挺的穿着效果，较柔软、轻薄的面料会形成扁平的蚕茧型廓型。

视觉杂志

    柔和光滑的建筑感造型：雕刻感曲线、蚕茧型轮廓、像液体流动般的线条，它是反瘦削风的、时尚的和纯粹的。

3

制作蚕茧型廓型

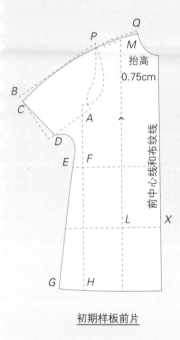
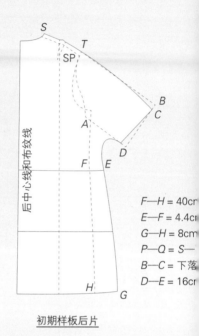

抬高
0.75cm

前中心线和布纹线

后中心线和布纹线

F—H = 40cr
E—F = 4.4cm
G—H = 8cm
P—Q = S—
B—C = 下落
D—E = 16cr

初期样板前片   初期样板后片

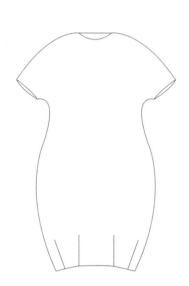

制作步骤：

后片

1. 拷贝上衣后片样板，并延长至底边的长度（腰围线下40cm）。拷贝袖子原型，将袖中线前移1cm，并沿这条线分割袖片。肩线向上抬高1cm。

采用和服原型的制作方法（见120页）。

2. 把袖子定位在肩端点（SP）和腋下点下落2cm处，侧缝线经过A点。画出袖子到袖肘部的长度（如图中虚线所示）。

3. B—C=2cm，画一条新延长的肩线，抬高SP点到合适的位置，从SP点至C点画一条圆顺的曲线，并过D点作其垂直线。

4. 加宽腰围线和底边线。
E—F=4.4cm
G—H=8cm
画曲线D—E（16cm），然后从E点用直线连接到G点。画曲线与侧缝线垂直并连接到后中心线。测量后片侧缝线的长度使其与前片侧缝线的长度相同。

制作蚕茧型廓型

5. 剪下样板。L—X=14cm。画一条垂直于腰围线至肩省省端的直线L—M。闭合肩省以打开底边，L—O=12cm。

6. 在底边增加一个塑造蚕茧廓型的加量，X—Z=8cm。沿着底边线，平均分配省道以消除底边多余的量。在本例中，省道深8cm，省道之间的距离是8cm。在侧缝线和后中心线处分别是1/2省量，在样板中共有两个全省量，在底边处平均分布。

7. 画省长到所希望的长度（15cm），保持省中线与底边线垂直。省道可以全部缝合，也可以部分缝合、部分作为褶裥。

8. 在臀围线处向外放出1.5cm，在底边线处向内收进4cm。从腰围处开始画一条新的侧缝线，经过臀围线放出1.5cm的点和底边线收进4cm的点，完成样板。

L—M = 垂直于腰围线至肩省省端
L—O = 12cm展开量
X—Z = 8cm造型加量

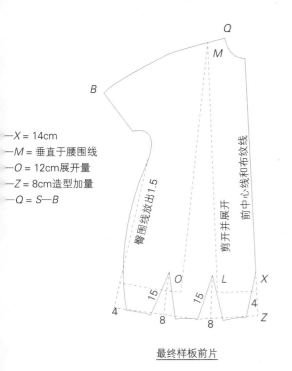
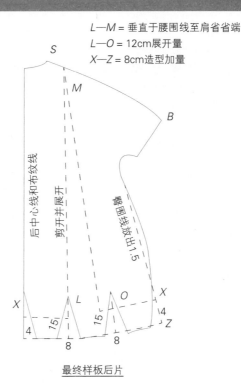

—X = 14cm
—M = 垂直于腰围线
—O = 12cm展开量
—Z = 8cm造型加量
—Q = S—B

最终样板前片　　　　最终样板后片

制作步骤：

前片
1. 拷贝上衣前片样板，并延长至底边的长度（腰围线下40cm）。把肩线加宽一个后片肩省的宽度，这样前、后片的肩线长度就相等了。将肩端点SP抬高0.75cm。拷贝袖子原型，将袖中线前移1cm，沿这条线分割袖片，将肩线向上抬高1cm。

采用和服原型的制作方法（见120页）。

2. 把袖子定位在肩端点（SP）和腋下点下落2cm处，侧缝线经过A点。画出袖子至袖肘部的长度（如图中虚线所示）。

3. B—C=2cm，画一条新延长的肩线，抬高SP点到合适的位置，从SP点至C点画一条圆顺的曲线，并过D点作其垂线。

4. 加宽腰围线和底边线。
E—F = 4.4cm
G—H = 8cm

画曲线D—E（16cm），然后从E点用直线连接到G点。画曲线与侧缝线垂直并连接到前中心线。测量侧缝线的长度使其与后片侧缝线的长度相同。

注：从腰围线到袖口的弧线长度必须与后片的弧线长度一样（16cm），并根据需要进行调整。如果前、后片弧线角度不同，则前、后片的弧线形状也不同。如果弧线长度匹配有困难，可以根据前片的弧线修改后片弧线，或根据后片弧线修改前片弧线。

制作蚕茧型廓型
5. 剪下样板。L—X=14cm。画一条垂直于腰围线的直线L—M。从L点剪开此线并展开底边，L—O=12cm。

6. 在底边增加一个塑造蚕茧型廓型的加量，X—Z=8cm。沿着底边线，平均分配省道以消除底边多余的量。在本例中，省道深8cm，省道之间的距离是8cm。在侧缝线和前中心线处是1/2省量，在样板中共有两个全省量，在底边处平均分布。

7. 画省长到所希望的长度（15cm），保持省中线与底边线垂直。省道可以全部缝合，也可以部分缝合、部分作为褶裥。

8. 在臀围线处向外放出1.5cm，在底边线处向内收进4cm。从腰围线处开始画一条新的侧缝线，经过臀围线放出1.5cm的点和底边线收进4cm的点，完成样板。

注：可以拷贝后片的侧缝线，以保证前、后侧缝线曲线形状相同。可以使用灯箱或将样板放在另一张纸上用滚轮拷贝。

气球型

③ 气球型廓型在20世纪80年代很受欢迎，尽管那个时代的潮流是宽松，但气球型廓型依然屡次复兴。气球型廓型可以应用在人体的很多局部部位，而不仅仅是作为整体的廓型，如可以应用于袖子的下半部分。通常情况下，要塑造裙装的气球型廓型，需要里料和衬料来支撑面料的造型，以下材料有助于塑造有体积感的气球型廓型。裙面的气球型廓型也可以通过一些辅助材料来形成碎褶，如松紧带、细绳带、克夫、黏合剂等，因此不需要里料或衬料。

弗里达·贾娜妮
（Frida Giannini）
　　时尚是今天高、低技术之间的平衡状态。

3

气球型裙子

这条裙子的体积感是利用圆来创造的，采用一种很简单的方法，即在底边处引入两条缝线以生成大量的空间体积感。腰围仍是原来的尺寸，底边膨胀并有很多碎褶（或褶裥，可按照你所期望的外观）。为了得到理想的效果，应充分考虑面料的特性：硬挺的面料比柔软或厚重的面料更能突显气球型廓型。

半径=周长/6.28

确定腰围线

为了画腰围线，首先要确定半径，即通过周长除以6.28计算得到。例如，68cm腰围的半径是68/6.28=10.8cm，用此半径画出腰围线的圆弧。

加入碎褶

如果要在腰围处加入碎褶，可以通过测试加入量来计算面料的褶裥。一般是以两倍的量生成碎褶，因此如果周长是136cm，那么半径就是21.6cm。

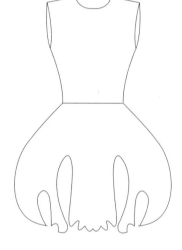

制作气球型廓型

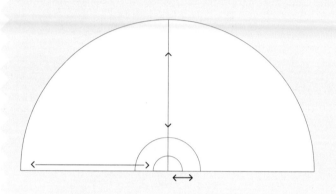

侧缝线

裙长

以21.6cm为半径作半圆裙或在腰围线抽褶

以10.8cm为半径画圆裙

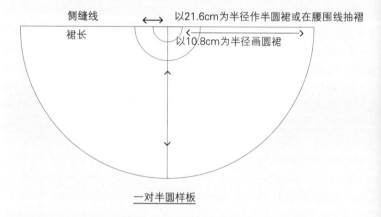

一对半圆样板

制作步骤：

裙面

1. 前片和后片：以10.8cm为半径画出腰围线的圆。

重点：从侧缝处开始画半径，在纸张的边缘留足侧缝的缝份量。

2. 从腰围线的圆形处开始测量裙子的长度，多画出6cm用于贴边。

3. 用圆顺的弧线画底边线，并与裙子长度的测量点连接。

闭合部分腰省以展开底边

后中心线和布纹线

展开剪开线

展开剪开线

1   2

衬裙样板后片

闭合腰省

前中心线和布纹线

展开剪开线

3

衬裙样板前片

裙里（衬裙）

为了形成"气球"的廓型，裙里必须比裙面成型的底边窄（有碎褶的底边要缝起来），它使裙面在实际底边宽的基础上形成褶。因此，要计算出形成"气球"廓型所需要的量，以及裙面与裙里之间的差量。裙面要比裙里长，但过长会因为重力而下垂，导致失去气球的廓型。

面料宽

由于纸张和面料宽度的限制，你很可能要将样板和服装做成两个半圆而不是一个整圆形，但是它们的半径是相同的。

制作步骤：

裙里（衬裙）

1. 拷贝裙子前后片样板，标记所有相关的信息。裙里的长度要短些，这个量是裙面底边多画出量的1/2，例如，裙面多画出6cm，那么裙里要比其短3cm。在试衣时可能还要进行修改。

2. 前、后片分别做出从省尖点到垂直于底边线的剪开线。

3. 前片：将剪开线剪至省尖点并拉展，以使腰省完全闭合，这将会增大底边。

注：如果不想增大底边过多，只打开到你想要的量即可，剩余腰省量仍处理为腰省。

4. 后片：打开剪开线，闭合等量的省量以使两条剪开线的展开量之和与前片展开量相同，保证前、后片平衡。

5. 检查底边宽，以确保裙里底部有足够的抽褶量。

3

气球型上衣

　　此例依据和服的原型，并在基础样板上使用了切展的方法以制造体积感。为了创造出气球的造型，领部的小碎褶要比腰围和底边处的小碎褶多一些，还有长及袖肘线的和服袖或蝙蝠袖。

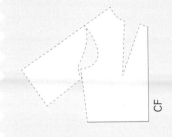

基本和服样板

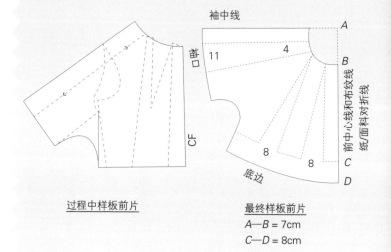

过程中样板前片

最终样板前片
A—B = 7cm
C—D = 8cm

蝙蝠袖

　　准备阶段的样板也可以当作蝙蝠袖的原型样板。

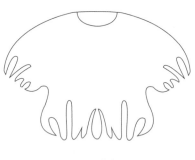

制作步骤：

气球型上衣

准备
依据和服原型袖，准备上衣的前、后片，创建基础样板。

注：胸省转移到领口，以生成一些小碎褶。

前片
1. 在基本和服样板的基础上绘制腋下缝和袖长（40cm）。从领口至底边线至少画两条与前中心线不平行的剪开线，且从领口向外倾斜。按袖中线的斜度，从腕部至领口至少画一条剪开线。剪下样板。

2. 在新的纸上画两条相互垂直的线作为前中心线和袖中线。纸必须足够大，以便在新的样板上增加长度和宽度（各约58cm）。

3. 创造体积感：距顶点约7cm（A—B）处画领口线，据此放置样板的前中心线。将剪开线剪开，注意，衣身部分从底边至领口剪开，衣袖部分从袖口至领口剪开。

4. 在衣身的底边处展开8cm，袖子剪开线在领口处展开4cm，袖口处展开11cm。袖中线几乎垂直于前中心线，以使整片样板大致成1/4圆的形状。

5. 在底边增加额外长度（C—D=8cm）用于抽褶时形成气球的造型。用圆顺的曲线画出领口线和底边线。这些线都将适当抽褶。

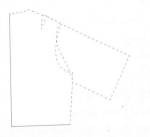

基本和服样板

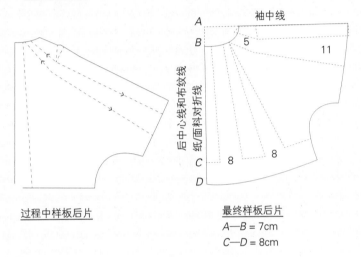

过程中样板后片

最终样板后片
A—B = 7cm
C—D = 8cm

后片

1. 在基本和服样板的基础上绘制腋下缝和袖长（40cm）。确保前、后侧缝线的长度相匹配。

从领口至底边至少画两条与后中心线不平行的剪开线，且从领口向外倾斜。按袖中线的斜度，从腕部至领口至少画一条剪开线。剪开纸样，闭合肩省，从而使肩斜线弯曲。

2. 在新的纸上画两条相互垂直的线作为后中心线和袖中线。纸必须足够大，以便在新的样板上增加长度和宽度（各约58cm）。

3. 创造体积感：距顶点约7cm（A—B）处画领口线，据此放置样板的后中心线。将剪开线剪开，注意，衣身部分从底边至领口剪开，衣袖部分从袖口至领口剪开。

4. 在衣身底边处展开8cm，袖子剪开线在领口处展开5cm，袖口处展开11cm。袖顶线几乎垂直于后中心线，以使整片样板大致成1/4圆的形状。在闭合省道时袖子的弯度可忽略不计，保持直线。

5. 在底边增加额外的长度（C—D=8cm）用于抽褶时形成气球的造型。用圆顺的曲线画出领口线和底边线。这些线都将适当抽褶。

4

袖子、领子和荷叶褶裥

设计是由一系列元素组成的：整体廓型、体型、合体度、衣身平衡，肩部、领子和袖克夫的比例，口袋等的细节，以及面料的颜色、质地等。肩的比例、臀的宽度、袖窿的大小和形状、口袋的位置等，正是这些元素反映了时尚的变化。本章将探索袖子、领子和荷叶褶裥的原理，并提供制作复杂样板的案例。

袖子样板基础

4

　　即使没有其他设计特点，独特的袖子设计也可以使得一件服装看起来很有特殊魅力。袖子是样板制作中很重要的一部分，样板师必须对袖子敏感——毕竟，准确的袖长和肩斜线的角度是由设计师每一季的设计手稿决定的。样板师还必须考虑最好的板型、体型和袖子的合体度等因素来表现设计。肩部和袖子之间有着直接的关系，在绘制样板时必须予以充分考虑。

　　袖子的历史可以追溯到袖子和衣身的关系，二者的结合产生廓型。例如，18世纪出现的短泡泡袖造型已经不在肩部，而19世纪经常出现的维多利亚羊腿袖造型却是插入肩部。袖子可以表现社会、文化的行为和变化，甚至追随这种变化趋势。例如，20世纪40年代出现的带垫肩的肩部造型，表现了战争中女性的男性化角色；20世纪80年代，宽肩造型的出现表达了女性正进入以男性为主导的职场。

　　本部分根据设计图展示了一些袖子的案例，并介绍了增加展开量和体积感的技巧，以及为了合体或造型而引入分割线来改变袖子的形状（在本书的其他部分也有涉及）。

维维安·韦斯特伍德
（Vivienne Westwood）

　　时尚是非常重要的，它是对人生的提升，并且像给你带来乐趣的一切事情，很值得做好。

左图
亚历山大·麦昆2010年春夏时装
一个有趣的袖子可将最简单的款
式变得与众不同。

圆装袖

根据袖窿的尺寸和深度绘制袖子原型，袖山高是随衣身原型变化而变化的（合体的衣身放松量小，袖窿线上移）。依据威尼弗雷德·奥尔德里奇（Winifred Aldrich）的原理制作的原型，介绍了合体服装在袖山处的吃势问题。在袖山处减小袖肥可使袖子更加合体，同时提高袖窿线也有助于在静止状态下增加合体性。下面将介绍圆装袖的基本变化。

半合体袖

宽松的袖子可使手臂活动自如。如果袖子的袖肥减少，将影响活动。袖身形状需要依据手臂的形状而定，这要通过在肘部设置省道来实现。

半合体袖

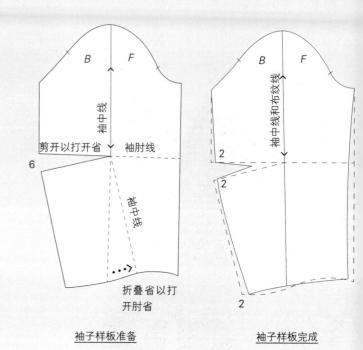

袖子样板准备　　　　　　袖子样板完成

制作步骤：

1. 拷贝袖子基本原型，标记出所有相关的线和对位点，然后剪下袖子基本原型。

2. 从袖子后部，沿着袖肘线剪开至袖中线，在袖肘到袖口处折叠出一个省，使袖肘线处拉开6cm。

3. 在袖子前部的袖肘线和袖口处各向内2cm并作标记点。通过腋下点到标记点画一条曲线使得前袖缝更加合体。

4. 在袖子后部的袖肘省道的两边及袖口向内2cm处作标记点，像前袖缝一样从腋下点通过这些标记点画曲线。

5. 在省道打开位置范围内做一个更短的省道（长度约是到袖中线距离的1/2）。

6. 用曲线连接新的袖口点，袖口曲线与袖缝线成直角。

合体袖

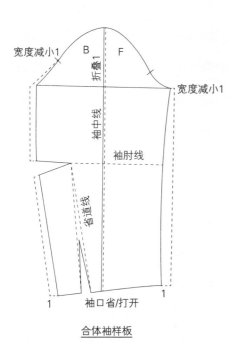

宽度减小1 B | F
折叠1
袖中线
宽度减小1
袖肘线
省道线
1 袖口省/打开 1

合体袖样板

合体袖

这个袖型结构要求袖片的宽度在两边侧缝处各减小1cm，袖肥也减少相应的尺寸，使得袖山弧线处的吃势减小甚至没有。这里采用了一个袖口省以减小袖口宽度——同时这个省道也可以作为开口。

答疑解难

如果你需要，可以进一步剪短袖长。为了使袖子的形状更符合手臂的形态就需要增加省量。首先，通过剪开袖肘线增大袖肘省，闭合袖口省以减小袖口的宽度。不要闭合得太多，只要稍微增加袖口省或开口的尺寸就好。

制作步骤：

1. 拷贝半合体袖样板，标记出所有相关的线和对位点，或者依据绘制半合体袖的步骤来绘制结构图。然后剪下半合体袖样板。

2. 沿袖中线折叠1cm，以减小袖山弧线的吃势（袖肥的两边各减小0.5cm）。

3. 将半合体袖样板的前袖缝线向袖中线平行移动1cm以减小袖肥。

4. 将半合体袖样板的后袖缝线向袖中线平行移动1cm以减小袖肥。

5. 在袖子后部设置一个省道以减小袖口尺寸，省尖点与袖肘省尖点相交。重新画好袖口省，省长约为13cm。

6. 必要的时候闭合袖肘省，画圆顺袖缝线。闭合袖口省，画圆顺袖口省缝合后的袖口曲线。

衬衫袖

4

　　此袖型要保持袖肥不变，增加袖子的长度作悬垂量。或者减短袖长，增加袖克夫的宽度。袖口多余的量可以在袖克夫处抽褶或做褶裥。在袖子的后开口处有袖衩。

衬衫袖

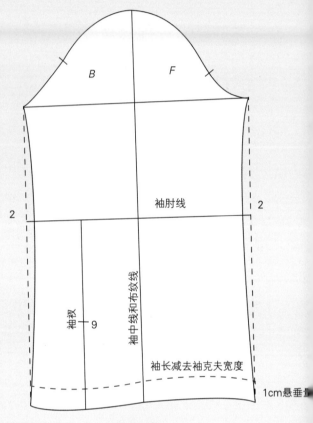

最终袖样板

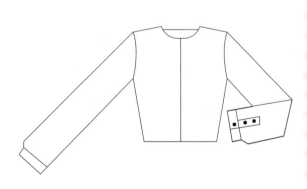

制作步骤：

1. 拷贝与你制作的衣身相匹配的基本袖原型，标记所有相关的线和对位点。

2. 沿袖肘线向内2cm处作标记点，分别用曲线连接腋下点、袖肘点和袖口点为前、后袖缝线。也可以通过对折样板描出另一侧的袖缝线，腋下点和袖口点要对齐。

3. 在袖子后部，从后袖肘线的1/2处向下画垂直线至袖口线。也可以通过对折纸使袖缝线和袖中线重合来完成。折痕只取一半。

4. 在该线上取袖衩，从袖口向上9cm处作标记。

5. 如果要在袖口处增加褶裥，可根据袖克夫的宽度绘制褶裥量。画出将褶裥折叠后的袖口线，并画出褶裥形式。

6. 如果要减少袖克夫的宽度，仍应保留至少1cm的悬垂量。

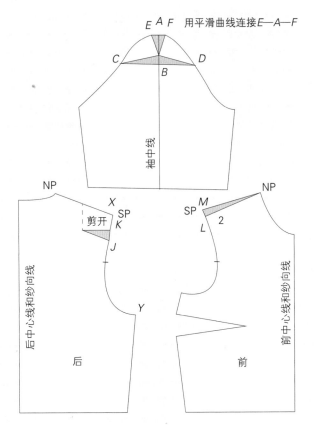

用平滑曲线连接E—A—F

最终样板
E—F = J—K和L—M
J—K = L—M

塑造方型肩和增加袖山高度

垫肩能够抬高肩斜线或者使肩部呈方型，这样不仅能创造出方型的肩部廓型，而且能防止衣服从肩部垂下时的"牵拉"。转移影响肩斜线的后肩省，在抬高肩斜线和袖山高之前，应该预先知道垫肩的厚度，即垫肩要符合造型需要的形状和尺寸。

制作步骤：

1. 上衣后片原型：从肩胛省尖画一条到袖窿弧线的垂直线（大致垂直即可），从袖窿弧线处沿该线剪开到省尖，闭合肩胛省，将其转移到袖窿处。这样则会抬高肩端点（SP），然后从肩端点重新画顺袖窿弧线。

2. 上衣前片原型：如果胸省在肩部，则要将其转移到其他位置。按照测量出的后袖窿省的量抬高SP点，从该点到NP点画出前片新的肩斜线。如果垫肩的厚度大于或小于肩部上抬的高度，则要相应增加或降低SP点的高度，使得肩部抬高的高度符合垫肩的厚度。

3. 袖子：拷贝基本袖原型，标记所有相关的线和对位点。从袖中线向下约6cm处向两侧画水平线并交于两侧袖山弧线。

4. 在袖山弧线上沿着袖中线剪开至6cm处，再沿着两侧的水平线剪开，但不能剪断。将剪开的两小片沿着袖中线向上展开。其展开量应与上衣前、后片原型肩部上抬的高度一致，然后画出新的袖山弧线。检查袖窿弧线的长度和袖山弧线的长度是否匹配，有吃势或者没有吃势。如果有的话，羊毛面料可缝缩较大的吃势，而棉织物则不需要这么大的吃势。

方型肩和袖缝

4

本例在袖山弧线处有一条分割缝，使得肩部廓型更方，而且使肩部的扩展量可控。在袖山弧线上增加分割缝可以创造一系列设计，如紧身袖。在20世纪40年代，方型肩非常流行，而到了80年代，肩部造型则更为夸张。方型肩造型可以很好地展示出倒三角型的体型。

方型肩和袖缝

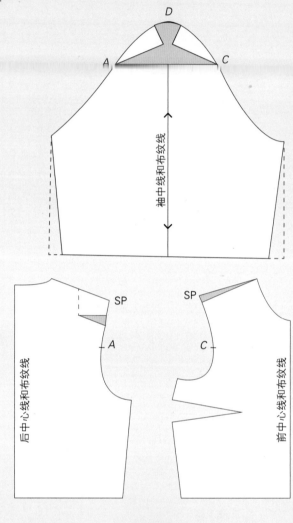

初期样板

制作步骤：

1. 准备衣身和袖子原型作为方型肩和抬高袖山的基本样板。前、后片袖隆弧线从SP点下落7cm处标记A点和C点为扩展肩部的交点。最好将样板挂在人台上，这有助于你知道其准确的位置。将A点和C点对位到袖山弧线上。

2. 沿袖中线确定你想要延伸的肩线（D—B=6cm）。从A点—B点（在袖中线上）—C点画一条曲线。在这条曲线上标记对位点。

3. 袖山：将袖山部分拷贝下来，并标记对位点，沿着A—B—C将袖山头剪下。

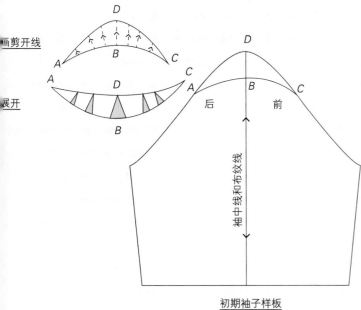

画剪开线

展开

初期袖子样板

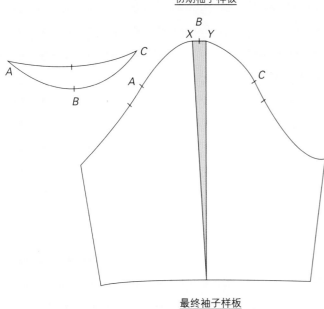

最终袖子样板

分割缝长度

　　分割缝的长度依据肩部的方型程度而确定，SP点上抬得越高，则分割缝会越长。

4. 从袖山头弧线到A—B—C画剪开线，并沿这些线剪开，但不能剪断。在袖中线两侧的剪开线中展开等量的宽度，袖中线剪开线的展开量最大，这样便于修正上、下缝线的形状。将剪开线展开后，曲线A—B—C呈反向曲度，将根据外观要求予以调整。

5. 袖子：在余下的袖子上，沿着袖中线剪开至袖肘线或袖口处，将袖山弧线展开2.25cm（X—Y=2.25cm），以使袖山弧线与曲线A—B—C的长度一致。

连身袖

4

　　连身袖指部分衣身连接到袖子上或者袖子作为整个衣身的一部分。

基本插肩袖

　　插肩袖与圆装袖的区别在于部分衣身是连在袖子上的，并考虑到肩部的角度问题。这将使袖缝线斜着穿过衣身到达领口，但腋下仍保持正常。插肩线最好是将样板挂在人台上时画出来，而且应是曲线，同时你能够立即看出这条线的位置是不是你所需要的。

　　要保持前、后片肩部的角度一致，但这个角度是可以发生变化的，如为了增加垫肩而抬高肩端点的位置。画肩线时要从后到前，这样肩线看起来会圆顺些。

　　当袖子上部有袖中缝时，它可以改变下部袖子的形状，从直到弯。这将会增加袖子的宽度。当上部有分割缝时，还可能会改变腋下缝。也可以将腋下缝拼在一起形成一片样板。

基本插肩袖

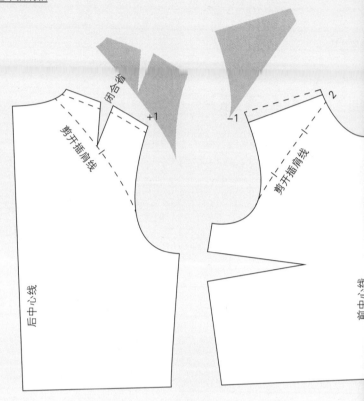

初期样板

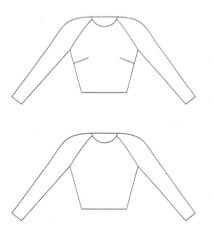

制作步骤：

前片
案例样板的尺寸标注在括号里。

1. 将胸省转移到侧缝处，或者转移到肩部和领口以外的其他任何部位。

2. 在原型样板上将肩斜线向前片移1cm。

3. 从袖窿的对位点到领口线（距离新的肩斜线2cm）画一条平缓的曲线。这条曲线最好在人台或人体上完成，但不是必要的要求。在这条曲线上标记对位点。

4. 将这部分从衣身上剪下来，对位到袖子中。下面的衣身线可以稍稍进行调整以除去一些余量，但要在确保合体的前提下才能实施。

后片

1. 将肩斜线上抬1cm，并保证肩斜线的长度不变。

2. 与前片相似，从袖窿的对位点到领口线画一条平缓的曲线，经过或者靠近后肩部的省尖点，在这条曲线上标记对位点。

3. 将这部分从衣身上剪下来，对位到袖子中。下面的衣身线可以稍稍进行调整以除去一些余量，但要在确保合体的前提下才能实施。

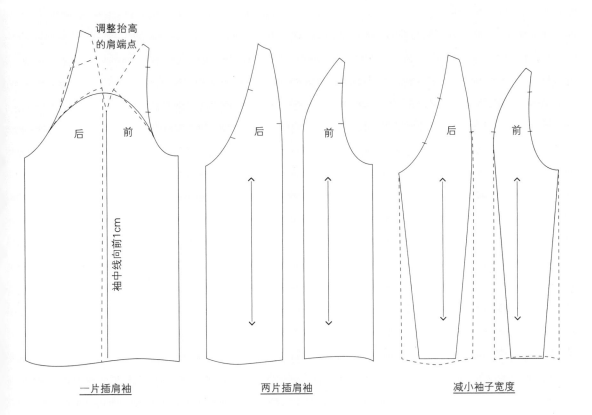

调整抬高
的肩端点

后　前

袖中线向前1cm

一片插肩袖

后　前

两片插肩袖

后　前

减小袖子宽度

制作两片插肩袖

拷贝一片插肩
袖的样板，对应画
出所有的对位点和
袖中线。将前袖片
和后袖片剪开，并
保证肩部的形态圆
顺。

减小袖口及袖子宽度

袖口宽度应根
据你的设计尺寸，
把宽度减小一个差
量。腋下袖缝线的
减小量要大于袖中
线的减小量（如图
所示），要使袖口
线平直，以便前、
后袖口在同一水平
线上。

袖子

1. 拷贝袖子基本样板，画出袖
中线。将袖中线前移1cm，并
将其延长至袖山弧线。

2. 将部分前衣身的对位点与袖
子靠近腋下的对位点对齐，使
得袖窿弧线与前袖中线附近袖
山弧线相接。这通常意味着抬
高了肩端点。即便两弧线的形
状不完全匹配也没有问题。

3. 调整肩省尖点到插肩线上，
如果不准备这样做，可闭合省
道。

4. 像部分前衣身一样，将部分
后衣身对位点与袖山弧线对位
点对齐，确保肩端点在袖山弧
线上保持同一水平位置。

5. 将袖子增加的衣身部分用曲
线画圆顺，使肩部省道闭合后
的曲线和肩部的曲线刚好与袖
山弧线相匹配。对应画出所有
的对位点。

基本和服袖

4

在这个样板中，袖子完全并入衣身，成为衣身的一部分。袖子的角度和袖子的宽度由设计而定，但是制图过程是一样的。这里用两个案例说明不同角度的袖子位置的不同。必须指出的是，袖子与衣身的角度越小，袖子的活动性越差。衣袖插片——菱形或者U形的插片——将会插入腋下最紧的位置，这样会增加额外的量，并增大活动量，但这个活动量是有限的。如果袖子与衣身的角度太斜，达到一个临界值，袖子就不能再移动了，所以需要将袖子与衣身分开转化为原身出袖，使袖子的上部和衣身相连，袖子的下部与衣身独立分开。这种袖子在20世纪50年代和90年代很流行。

基本和服袖

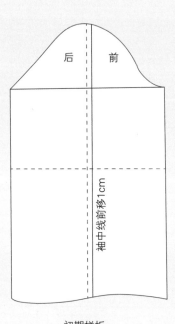

初期样板

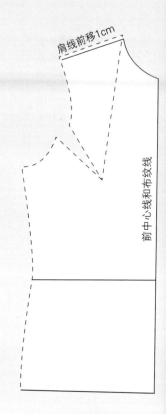

前衣身原型

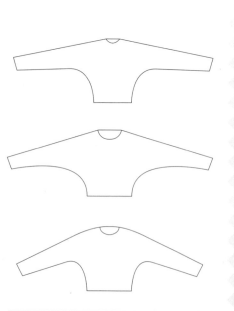

上图
袖子的角度变化
因肩线向衣身的倾斜度不同，
使得和服袖产生多种变化。

制作步骤：

案例样板的尺寸标注在括号里。

1. 拷贝基本袖原型，标记出对位点和袖中线。将袖中线向前偏移1cm，沿着新的袖中线将前、后袖片剪开。

2. 拷贝前衣身原型，将省道转移到袖隆处。将肩线平行前移1cm，即去掉1cm。

3. 拷贝后衣身原型，将肩省转移到袖隆处。将肩线平行前移1cm，即增加1cm。

后衣身原型

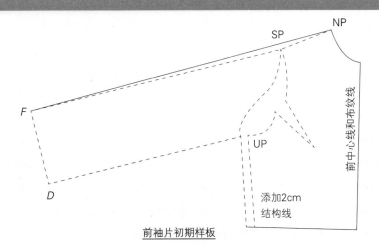

前袖片初期样板

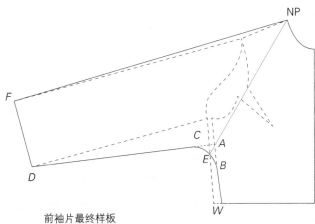

前袖片最终样板
W—A = 15cm
A—B = 6cm
A—C = 6cm
A—E = 3cm

前片

1. 画一条距侧缝线2cm的平行结构线。

2. 将前片的肩端点（SP）与袖山弧线顶点对位，腋下点（UP）交于新画的结构线上。

3. 从A点（腰围线上15cm）画一条结构线到袖口（D点）。

4. 标记B、C两点，使A—B=A—C=6cm，A—B直线与A—C直线是腋下弧线的参考线。从侧颈点（NP）过A点画一条结构线，并延长结构线相交于E点（A—E=3cm）。

5. 用直线连接侧颈点（NP）和F点，并画直线连接F点和D点，再由C点过E点到B点画圆滑的曲线，最后用直线沿着原来的侧缝线连接到腰围线，将样板完成。

4

基本和服袖（续）

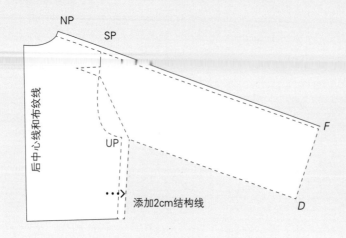

后袖片初期样板

调整袖子的宽度

　用相同的方法、不同的尺寸画出新的袖底缝线以调节袖子的宽度。

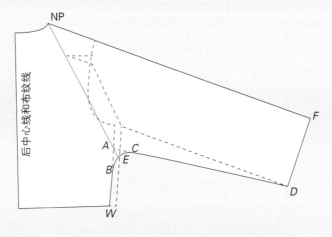

后袖片最终样板

后片

1. 画一条距侧缝线2cm的平行结构线。

2. 将后片的肩端点（SP）与袖山弧线顶点对位，腋下点（UP）交于新画的结构线上（NP点至F点是直线）。

3. 从A点（腰围线上15cm）画一条结构线到袖口（D点）。

4. 标记B、C两点，使A—B=A—C=6cm，A—B直线与A—C直线是腋下弧线的参考线。从侧颈点（NP）过A点画一条新的结构线，并延长结构线相交于E点（A—E=3cm）。

5. 用直线连接D点至C点，再由C点过E点至B点画圆滑的曲线，最后用直线沿着原来的侧缝线连接到腰围线，将样板完成。

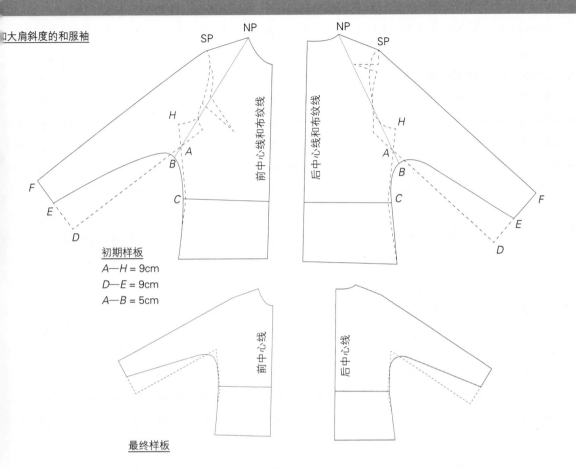

加大肩斜度的和服袖

SP NP NP SP

H H

A A
B B

F C C F
E E
D D

初期样板
A—H = 9cm
D—E = 9cm
A—B = 5cm

前中心线和布纹线 后中心线和布纹线

最终样板

前中心线 后中心线

制作步骤：

1. 为加大肩斜度的和服准备前、后衣身原型和袖原型。

2. 将前袖片的袖山弧线顶点对位肩端点，并向衣身转动袖子，使袖身与衣身侧缝线H点重合，袖底缝与衣身侧缝重合于侧缝线向下9cm的A点（A—H＝9cm）。袖子向衣身转得越多，与衣身重叠的部分就越多，运动性也越差。画一条临时的直线（A—D）。

3. 从侧颈点（NP）开始画一条至A点的斜结构线，从A点延长5cm至B点。

4. 从袖底缝处减小袖口的宽度（D—E＝9cm）。用曲线板画出袖底缝曲线，从E点至B点，再从B点至腰围线C点或至底边线画一条曲线，这条曲线的曲度是由袖子的宽度控制的，测量曲线E—B、B—C的长度，其长度必须是前、后片相匹配。

5. 画肩袖线，从侧颈点（NP）开始过肩端点（SP）至袖口F点，并将肩袖线画圆顺。

6. 在后片上重复这一过程，拷贝前片的曲线E—B、B—C以及肩袖线NP—SP—F。这样能使前、后袖片的长度和形状一样。

7. 检查线条长度并修正线条，必要时可改变线条的角度。在两边的袖底缝曲线上标记对位点，特别是曲率变化大的腋下部分。

4

斗篷袖

　　这种袖以和服袖原型为基础样板，但不同的是它在腋下有很多的活动松量，因为斗篷袖的腋下有三角插片，这样就增加了袖底缝线的长度。独立于衣身的袖子的袖山高决定了袖子在肩端点处的角度。

斗篷袖

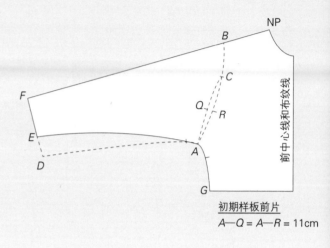

初期样板前片
$A—Q = A—R = 11cm$

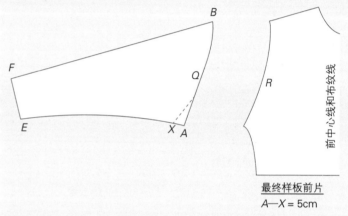

最终样板前片
$A—X = 5cm$

制作步骤:

准备和服的前、后片基本样板

前片

1. 袖窿：根据设计从B点（距NP点15cm）至侧缝线A点画一条袖窿弧线。这条曲线的弧度和形状取决于设计，但你可以参考基本和服袖。这条曲线在与肩线相交时成直角，这样可防止在袖山上出现尖角。

2. 以C点（距SP点15cm）为画袖窿弧线的造型点，从B点画一条袖窿弧线至侧缝线A点（A—B）。

3. 以连接A点至C点的直线为对称轴，将曲线A—C从衣身上对称画到袖片上。

4. 在衣身袖窿弧线和袖山弧线向上11cm处标记对位点R、Q。

5. 通过在F—D的袖口宽度上减去D—E=6cm来获得想要的袖口宽尺寸，然后画一条新的袖底缝线。

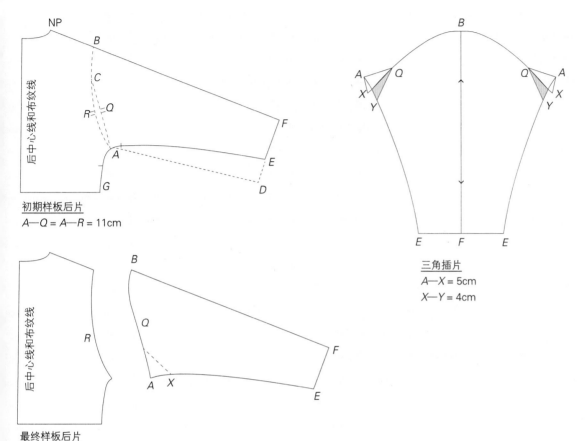

初期样板后片
$A—Q = A—R = 11cm$

最终样板后片
$A—X = 5cm$

三角插片
$A—X = 5cm$
$X—Y = 4cm$

三角插片

增加出来的长度可以替代三角插片的作用，以方便手臂活动。如果需要更大的活动量，可以增加剪开线的长度和展开量，即增加长度和降低袖山高度。

后片

根据绘制前片的步骤，确定袖窿弧线和前、后片的袖底缝线。前、后片的袖口宽度是不一样的，因为肩线向前移了。

分割后的衣身和袖片

1. 将衣身和袖片分开，以曲线 A—Q—C—B 为袖山弧线，曲线 A—R—C—B 为前、后袖窿弧线。

2. 在一张新的纸上画好袖中线（B—F），将前、后袖片与袖中线对齐重新组成一片完整的袖子。检查袖口线是否垂直于袖中线。

3. 在袖底缝线处（A点）从上向下在5cm处标记出X点，从X点画一条剪开线至前、后袖山弧线上的Q点，将此线剪开拉开4cm（X—Y）。这样就增加了袖底缝线的长度，增加部分的作用和三角插片一样。

4. 过Y点将袖底缝线A—E画圆顺，一名专业的样板师应该能修正好这条线，并确保所有的对位点相对应。

袖克夫

4

　　根据设计，制作袖子的方法有很多种。传统的衬衫袖是有袖克夫的。在一件服装中，甚至很小的细节（如袖克夫）都有现实的意义。例如，加褶的袖克夫、斜裁的袖克夫、突出的纬向条纹、在缝中加嵌条、在边缘加蕾丝或者使用对比面料，这里只列举了少量的例子。袖克夫的尺寸也是设计的特色，大尺寸的袖克夫［如维克托（Viktor）和罗尔夫（Rolf）的设计］或者长的合体袖克夫［如维多利亚（Victorian）长袖］均能辅助设计造型。最简单的袖克夫是一个对折的直条，如果造型边缘和缝线有设计要求，则要将袖克夫分割成两部分，并且上、下部分都要缝合。

　　袖子必须匹配袖克夫。因袖克夫有宽度，所以袖子的长度要减短，但是袖子一般都留有悬垂量。20世纪70年代流行的宽袖有很大的悬垂量，所以袖子垂在袖克夫上。在试做时留出比你想要的悬垂量多一些的量是值得的，因为在试穿的过程中减比加更容易。

袖克夫

 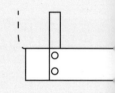

直角一片式袖克夫

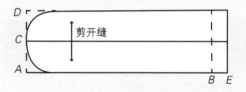 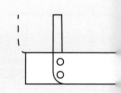

圆角两片式袖克夫
（袖克夫缝合起来好像有一条曲线的边缘）

制作步骤：

直角一片式袖克夫
1. 画一个长为袖克夫净长加上1.5cm纽扣直径和宽为两倍袖克夫宽度的矩形。袖克夫的长度应在腕关节舒服的位置，并且需要足够的长度，这样当抬起胳膊时，袖子能在胳膊上上下移动（18~20cm，尺码是10~12）。
A—B=袖克夫净长
B—E=纽扣直径
A—C=袖克夫宽度
A—D=2倍袖克夫宽度

2. 由于袖克夫的样板很小，所以排料时布纹方向可以是竖直的也可以是水平的。

制作步骤：

圆角两片式袖克夫
1. 画一个长为袖克夫净长加上1.5cm纽扣直径和宽为两倍袖克夫宽度的矩形。袖克夫的长度应在腕关节舒服的位置，并且需要足够的长度，这样当抬起胳膊时，袖子能在胳膊上上下移动（18~20cm，尺码是10~12）。
A—B=袖克夫净长
B—E=纽扣直径
A—C=袖克夫宽度
A—D=2倍袖克夫宽度

2. 由于袖克夫的样板很小，布纹方向可以是竖直的也可以是水平的。

3. 在中心线处折叠，在边缘处画弧线，其与纽扣搭门重叠。从中心线处剪开袖克夫，分割成两片袖克夫。

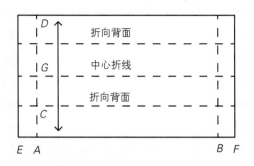
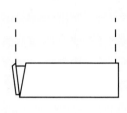

直角折叠一片式袖克夫
（袖克夫双倍折叠于背面）

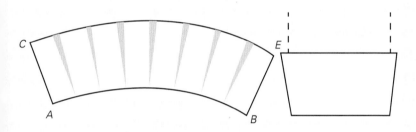

宽袖克夫
（袖克夫很宽，由于要符合手臂
的形状，因此上部须较宽）

制作步骤：

直角折叠一片式袖克夫
画出一个矩形袖克夫，长为
袖克夫净长，再在两边各加
1.5cm，宽为4倍袖克夫宽。
$A—B$=袖克夫净长
$E—A=B—F$=1.5cm
展开
$A—C$=最终袖克夫宽度（折叠
后的）
$A—G$=2倍袖克夫宽度（以中心
线为折叠线）
$A—D$=2倍$A—G$

制作步骤：

宽袖克夫
1. 画一个长为袖克夫长，宽为
袖克夫宽的矩形。
$A—B$=袖克夫长
$A—C$=袖克夫宽

2. 在矩形上等分平行于袖克夫
宽的剪开线。通过折叠可以很快
完成这一步骤，先折叠成两份，
然后是四份，最后是八份。

3. 画出这些直线，并沿线剪
开，但不能剪断，然后根据要
求的袖克夫宽度等距离展开剪
开线，这样曲线$C—E$将会比曲
线$A—B$长。不过展开过量容易
导致裂开，展开到想要的袖克
夫宽度即可。

领子样板基础

4

领子由两部分组成——底领（领子在领口上全部立起来）和翻领（在底领的基础上加翻折下来的部分，它是平面的）。底领和翻领的关系是一种很重要的关系。

样板师绘制领子或者在人台上制作领子时，需要理解一些基本的原则。

- 第一个原则是领外口轮廓线的长度。这将影响领子在服装和人体上的穿着效果，领外口轮廓线的长度越长，领子越贴合人体肩部；领外口廓线的长度越短，领子离人体肩部越远但贴近颈部，因此在得到最佳效果之前应有一个试验过程。本章中将讲解一些案例，希望能够帮助你自信地设计出更多有技术挑战性的领子。

- 第二个原则是领口线的长度。因为领子是与领口线缝在一起的，所以领子的造型要根据领口尺寸画出来，这个不能变（除非领口线的形态被改变了）。
- 第三个原则是一片的领子并不能满足所有在颈部直立的领子的功能需求。领外口轮廓线的长度越短，领子越会呈现直立的状态。立领的高度应控制在一定的范围内，超过这个范围之后，领子容易向外倾倒。这样领子就必须分为两个部分，直立的部分和翻折的部分，以使直立的部分很合体的贴合脖子，翻领则从立领外侧翻折下来。

减少领外口轮廓线长度的方法在生产中并没有明显的技术特点，但是它能显示出由其尺寸绘制的领子应该是什么样的，并且能显示出底领和翻领的关系。

当处理两片领时，其原理如下：
- 底领形态应符合颈部的形态，当底领增加到一定高度时，其形态更像一个漏斗。
- 如果底领的上口线尺寸减小，翻领的下口线也必须减少同样的量。
- 一般说来，翻领比底领要宽，使得翻领可以覆盖住缝合线或接触到衣身，但也要依据设计的造型和尺寸。
- 在绘制领子前，用卷尺在衣身上大致测量出领外口轮廓线的长度是有帮助的——这将会为你提供一个参考值。
- 通过领口线和领外口轮廓线减小或展开的方法来调节领子。

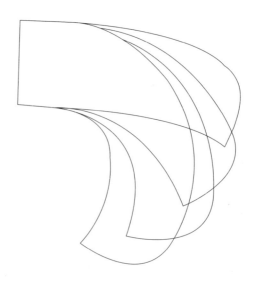

上图
领子
领子的斜度决定了其造型和宽度。

左图
<u>金德·阿吉尼（Kinder
Aguggini）2010年秋冬时装</u>
在时尚T台上，领子遵循自己的
流行趋势。

一片领

4

一片领裁剪包括底领。

彼得·潘（Peter Pan）圆领

这是一种平摊在衣身上的领子，而且只有翻领。最好有一点点底领，会更漂亮。

彼得·潘圆领

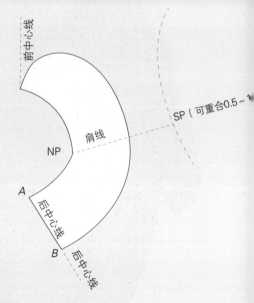

基本彼得·潘圆领
A—B = 领宽(14cm)

制作步骤：

1. 准备基本样板或者原型，在领口线做一些轻微的调整，如稍稍降低领口线等。

2. 将前、后衣片的侧颈点（NP）和肩端点（SP）对齐，在肩线处拼合在一起（在肩端点处可重合0.5~1cm）。勾出领口线和前、后中心线。

3. 按领子贴合在衣身上的线迹画出领子的形状，并沿着领口线等距离测量。画出领子的外口轮廓线与后中心线成直角相交，并连接到前中心线处完成前领曲线。沿着领子样板剪下，在人台或自己身上检测一下，必要时作相应调整。

伊顿领

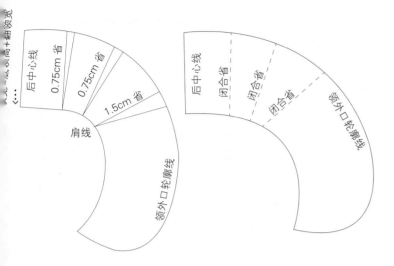

设置省道　　　　　　最终伊顿领

伊顿（Eton）领

这是一种以彼得·潘圆领样板为基础的领子，通过采用省道减少领外口轮廓线的长度使得底领更高。

制作步骤：

1. 按制作步骤绘制彼得·潘圆领，并剪下样板。

2. 在领外口轮廓线上画出三个省道：在肩线处画出1～1.5cm宽的省，另外两个0.75cm的省在肩线与后中心线之间的三等平分线处。将这些省量闭合，使领子在肩背部更加贴体，并减少了领外口轮廓线的长度，使领子的底领高度相应增加。

3. 采用平滑线条，画圆顺领外口轮廓线和领下口线。将后中心线放在一张对折的纸上，绘制出一个完整的领子，检查领下口线和领外口轮廓线与后中心线相交是否呈直角，并将领子展开进行检查。

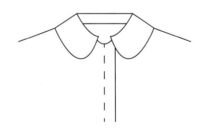

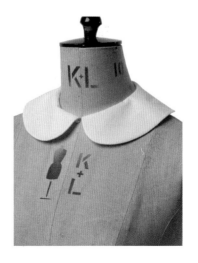

4

底领更高的领子Ⅰ

这两例领子使用的是同样原理，利用减小领外口轮廓线的长度来增加底领高。当领子变平直时，要关注领下口线与领外口轮廓线的关系。一旦熟练掌握了领子变化的规律，就会更自信地通过设定尺寸来绘制领子，这些尺寸包括领口围、底领高和翻领宽，以及领子贴合在衣身上时领外口轮廓线的长度。

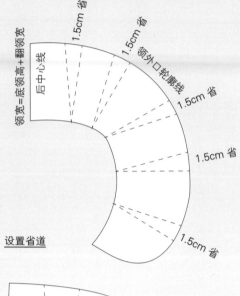

设置省道

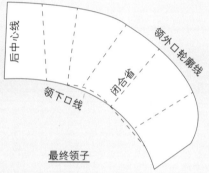

最终领子

制作步骤：

1. 按制作步骤绘制彼得·潘圆领（见130页），沿样板剪下来，领宽=底领高+翻领宽。

2. 在领外口轮廓线上画出5个等分的省道，每个省量为1.5cm，以领下口线为基准将这些省完全闭合。

3. 重新画出领下口线和领外口轮廓线，使得领外口轮廓线垂直于后中心线。同样检查领下口线尺寸，必要时可在后中心线处做修正——增长或减短后中心线，但要始终保持其初始线条平行。

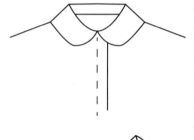

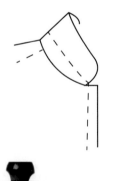

底领更高的领子Ⅱ

在领下口线长度几乎不变的情况下，在领外口轮廓线上做一定数目的省道以减小领外口轮廓线的长度。在这一制作阶段，样板轮廓线变得参差不齐，所以要格外仔细，不能影响到领下口线的长度。如果领子按斜纹裁剪，那么制作这种领子的效果会更好。与两片领相比，可以看到这种领子立起比较低，这是因为它只是利用领外口轮廓线的变化来形成立起的效果。

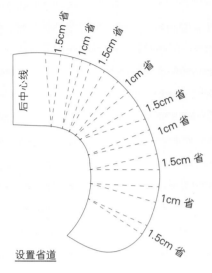

设置省道

领外口轮廓线

后中心线

领下口线

最终领子

制作步骤：

1. 按制作步骤绘制彼得·潘圆领（见130页），领宽=底领高+翻领宽。

2. 在领外口轮廓线上画出五个等分的1.5cm省道，像先前的领子一样。在每两个1.5cm的省道之间做一个1cm的省道，共有四个。或者在领外口轮廓线上画出九个等分的省道，每个省道1.27cm，以领下口线为基准将这些省完全闭合。

3. 确认画好领下口线和领外口轮廓线。同样要检查领下口线的尺寸，必要时可对后中心线进行修正——增长或减短后中心线，但要始终保持其初始线条平行。

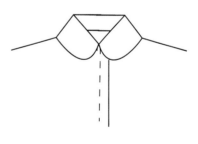

134   **袖子、领子**   袖子样板基础   领子样板基础
       和荷叶褶裥   圆装袖   一片领
         连身袖   **两片领**
         袖克夫   荷叶褶裥

两片领

4

　　一个领子分为两个部分——底领和翻领。这样的分割为领子帖服颈部提供了更多的控制量，以及说明领子是怎样翻折下来的。一般来说，底领越高，领子的形状越贴合颈部。

　　参考128页两片领的制图原理。

衬衫领

　　传统的衬衫领是各种帖服在颈部的底领和翻领的系列变化领的制图基础。此例中的领子在底领上有一个延伸的量作为纽扣的搭门以贴合颈部。改变领外口轮廓线和翻领的形状可以设计出不同的造型，通过增加领外口轮廓线可以调节翻领的形态。

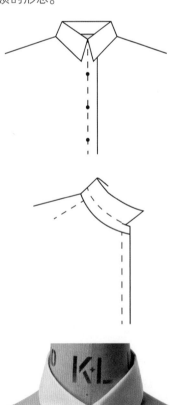

衬衫领

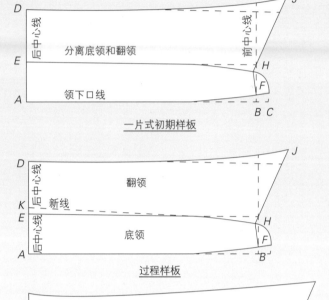

一片式初期样板

过程样板

分离的底领和翻领

制作步骤：

准备
在衣片原型上下落领口线0.5～1cm，从前中心线至后中心线测量新的领口线的长度并做记录。

1. 绘制一个矩形：长度=领口围（A—B）+纽扣直径（B—C）（1.5cm），宽度=底领高+翻领宽（A—D）（7cm）。过B点的垂直线是前中心线。

2. 从后中心线上量取底领的高度A—E=3cm，过E点与前中心线做垂直线。

3. 在底领下口线上标注出侧颈点，将B点上抬0.5cm到F点（B—F=0.5cm）。用圆顺的曲线连接F点至A点，即为底领下口线。

4. 过F点做2cm长的与底领下口线垂线至H点。从后中心线起，连接E—H。

5. 画出领子的外口轮廓线，连接H点至J点，再画出一条K—H的新结构线。在这条新结构线上标记好对应侧颈点的对位点。

6. 沿着这条新结构线剪开，将底领和翻领分割开。

注：新结构线从后中心线上的E点向上0.5cm处的K点开始画弧线至H点。这将有助于翻领稍稍离开领口线（如中间图所示）。

高底领领

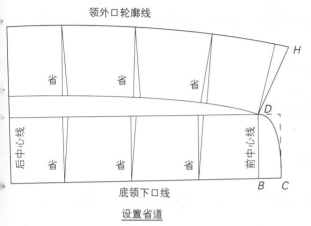

领外口轮廓线

后中心线

省　省　省

底领下口线

省　省　省　前中心线

H

D

B C

设置省道

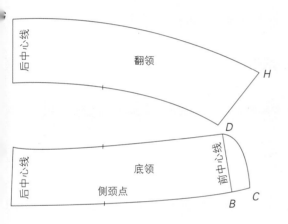

后中心线

翻领

H

D

后中心线

底领

前中心线

侧颈点

B

C

最终领子

高底领领

　　此例的领子有一个较高的底领，直立于人体颈部时要求非常合体。当领子立于颈部较高位置时，底领和翻领之间的关系要发生变化，而且底领的形状要达到合体的要求。这可以通过在领外口轮廓线和翻折线之间设置等距离的分割线来增加领外口轮廓线的长度。领子的样板要依据设计绘制。

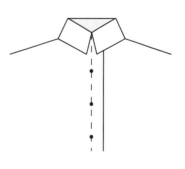

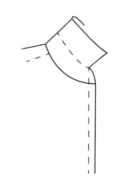

制作步骤：

准备
画一矩形作为底领，长度＝领口围（A—B）+纽扣直径（B—C）（1.5cm），宽度＝底领高（A—E）（4.5cm）。从B点至D点画垂直的前中心线。曲线连接D—C。在底领下口线上标记侧颈点。

1. 从后中心线的E点向上延长1.5cm至F点（E—F=1.5cm），从F点再延长底领高+1cm到G点（F—G=5cm）。

2. 从F点开始垂直于后中心线画线，再用缓和的弧线连接到前中心线上的D点。

3. 与弧线F—D等距离（5cm）画出领外口轮廓线G—H，并画出想要的领外口轮廓线形状。

4. 在领口线A—B上至底领上口线画3条平均分布的省，省量为0.25cm，一个省在后片上，两个省在前片上。

5. 在F—D弧线上与底领相同位置画相同省量的省，并标记对位点。

6. 剪开底领和翻领。闭合领口线至底领上口线之间的省和领外口轮廓线至翻领下口线之间的省，画出新的领形。

注：在领外口轮廓线和翻折线之间设置等距离的分割线，展开时可增加翻领的领外口轮廓线长度。这种方法更适用于翻领很宽的情况。

136 **袖子、领子**   袖子样板基础   领子样板基础
     和荷叶褶裥   圆装袖   一片领
                连身袖   两片领
                袖克夫   **荷叶褶裥**

荷叶褶裥

4

圆形样板对在颈部、袖口和层叠荷叶边生成褶裥是很有效的。面料的重量和厚度以及褶裥宽将决定样板的尺寸和形状。加入多层圆形将得到更多的褶裥效果。这里所讲的案例就是需要几层圆形来达到这种多褶的造型。测量面料和圆形之间的比率有助于你知道需要多大的圆形样板。面料的布纹有直纹和斜纹的不同，怎样放置布纹将影响下垂的方式和外观。

荷叶褶裥

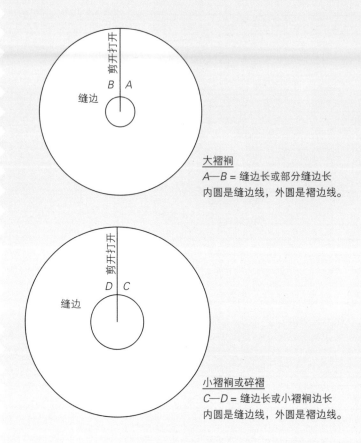

大褶裥
A—B = 缝边长或部分缝边长
内圆是缝边线，外圆是褶边线。

小褶裥或碎褶
C—D = 缝边长或小褶裥边长
内圆是缝边线，外圆是褶边线。

制作步骤：

半径=周长/6.28

测量时要加入褶裥的缝边长
（C—D=缝边长或部分缝边长）。

如果需要更多的圆形，则要把缝边长等分，这样可使圆分布得更恰当。缝合时线可能会拉紧，因此缝边长可以适当增加一些长度。

如果需要碎褶，要先做面料测试以确定需要加入的量。根据碎褶需要加入的量来绘制圆形样板。

【案例研究】
纳丁·穆赫塔尔（Nadine Mukhtar）

纳丁的作品是受到径向螺旋和几何形式的启发。扇形在人体上呈三维发射状。这些圆形在短上衣的领口处形成层层叠叠大褶裥效果。

纳丁作品款式图

设计草图

纳丁作品成衣效果

5

裤装

　　样板师也可以为裤装设定一套流行趋势。通过更改腰围或裆长、增加褶裥或加宽脚口都能改变造型和合体度，如果能创新自如地运用这些，则可以创造出标新立异的设计作品。

裤装样板基础

5

　　如今，女性不允许穿裤装的观念已成为无稽之谈。尽管早在20世纪时女性已经开始穿裤装，但使裤子风靡一时的是伊夫·圣·洛朗对"家居男便服"（吸烟夹克）的创新。裤装是男性的主要着装，正如裙装是女性的主要着装一样。尤其当牛仔裤同时被男性与女性穿着时，服装的性别差异在一定程度上被消除了。同样，牛仔裤也在一定程度上淡化了等级观念，因为任何人都可以在非正式场合穿着牛仔裤，工装与休闲服的区别也减弱了。裤装在当代的衣橱中已占有一席之地。

　　近几年，一些设计师如维维安·韦斯特伍德也创造出了一些标志性的裤装。她的朋克裤、背带裤以及无前中心线的吊裆海盗裤，都是她著名的创造性设计作品。

　　亚历山大·麦昆（英国著名时装设计师）以一款几乎要看见股沟的"低腰裤"重新定义了裤装，这在当时是大胆、叛逆的时尚举动："通过'低腰裤'可以拉长身体，而不是为了展现臀部。我认为臀部和股沟对于任何人都是性感之处，无论是男人还是女人。"

　　裤装款式风格和合体度是多变的：从大裆嘻哈裤、反常态缝合的牛仔裤到紧腿宽胯的骑马裤及臀部多褶的哈伦裤。

　　本部分主要介绍一些普通裤子的基础知识，阐述窄腿裤与宽腿裤的不同，同时还讲解了怎样在裤装原型上加入褶与口袋的简单设计，其中包括低腰裤和高腰裤。

伊尔莎·斯奇培尔莉
（Elsa Schiaperelli）
　　我们当然不要裤子！

左图
巴黎世家2012年春夏系列裤装
裤装款式风格的改变：低裆、
高腰、宽脚口——所有这一切
在T台上都有一席之地。

标准型

5

　　对于任何裤装的原型或样板，注意到前、后裤片的关系和后裆线比前裆线长多少是很重要的。因为前裆线短就不会拉扯后面的面料，所以裤子可以较平整。这条线的长度在穿着时至关重要。制板时后裆线要比前裆线下落一定的量，如此便使后裤片的下裆线略微缩短了。因此，在缝合前、后裤片时要通过对位点标记前、后裤片下裆线的拉伸部位以补偿差量。

　　后腰围线一般设两个省，目的是分散省量以贴合臀部。

　　裤脚口宽一般由设计风格决定，但是为保证脚可以通过裤子，脚口围至少32cm。

　　布纹线（面料纱线）的方向为保证裤装穿着的平衡起着至关重要的作用。布纹方向应垂直于横裆线。试穿样衣时，若布纹线歪斜可做适当调整。通常，若不是较严重的问题，一般都是用提升或下降的办法来调节侧缝线。

　　考虑到裤子的合体性，前腰围线一般设置一个省。但是为保证裤子的平整，常将其转移至侧缝线或前中心线（通常运用在年轻化的裤装和牛仔裤中）。

绘制裤装原型所需的尺寸测量（综述）

测量部位如下：
- 腰围（同衣身）。
- 臀围（同裙子）。
- 中臀围（同裙子）。

- 侧缝长。
- 下裆长。

- 上裆长——重要
  测量方法——人体坐姿时测量从腰围线至水平座面距离。

注：测量时，应在人体侧面用直尺或硬尺测量。

制作高腰裤或高腰裙时应从腰线以上位置开始测量，制作低腰裤时应从腰围线以下想要位置开始测量。

子原型

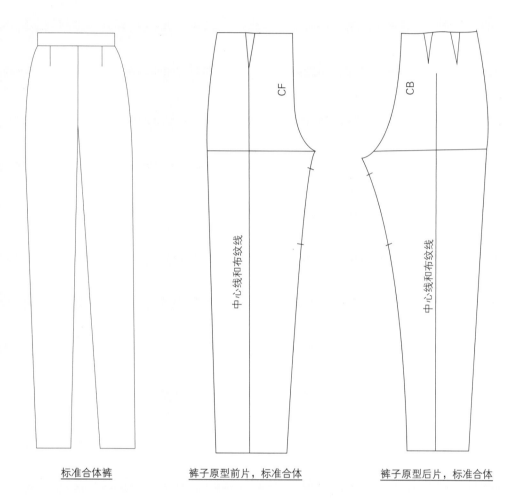

标准合体裤　　　　　　裤子原型前片，标准合体　　　　　　裤子原型后片，标准合体

加褶

样板的加褶技术可以应用于多种情况下，如在裙装和衣袖中加褶。这里介绍的是如何在特定的区域加褶，而不是给服装整体加褶。本书146～147页的案例是给裤装整体加褶。通常是沿着中心线向侧缝线根据需要的褶量（该量包括了省道的量）将原型展开。最好用面料或纸测试一下，以便确认所需要的褶量。一般，中心线指烫迹线。

不改变裤脚口的加褶

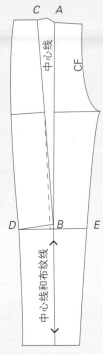

加褶
$A—B = 66 \sim 68cm$
$A—C = 5cm$（包括腰省）

制作步骤：

这个案例介绍的是不改变裤脚口的加褶。

前裤片
1. 拷贝原型的前裤片，标记出横裆线，将中心线（布纹线）延长至腰围线及省道处。转移省道至中心线靠近CF的一侧。

2. 标记出褶的终止点 B（$A—B$=66～68cm），过此点画中心线的垂直线，将样板剪下。

3. 沿中心线从 A 点剪至 B 点，再横向剪至 D 点。将其置于一张新的纸上，在腰部展开所需的褶量，其中包含腰省（$A—C$=5cm）。在靠近腰围线的中心线处折叠褶量，并画出平顺的新腰线。重新画样板，并标记出布纹线方向。

后裤片
直接使用标准的裤子原型后片，脚口围不变。

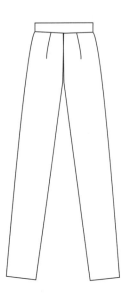

长至裤脚口的加褶

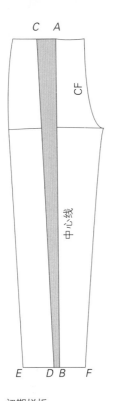
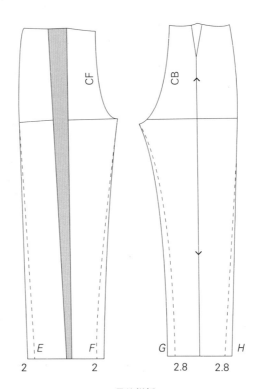

初期样板
A—C = 6cm（包括腰省）
D—B = 1.5cm

最终样板

制作步骤：

这个案例是从腰围线至裤脚口线的加褶，如图所示在裤脚口增加褶量使得整体风格更加宽松。

前裤片
1. 使用标准原型拷贝前裤片，标记出相关的省道、横裆线、布纹线以及对位点。根据需要对腰围线做适当调整，并剪下样板。

2. 将样板铺于一张新的纸上。确定褶的位置——通常是在中心线（烫迹线）与侧缝线之间，以保证前中心线（CF）方向与布纹线方向一致。沿腰围线向侧缝移动腰省使之并入褶中。

3. 沿中心线A—B剪开拉展。打开A—C至预定的褶量（A—C=6cm，包括腰省），在裤脚口处加宽一定的量（D—B=1.5cm）。展开的褶量使横裆线不在原来的水平线上。但只要保持其与裤脚口围线平行即可。注意添加中心线。

4. 在裤脚口两侧增加相等的宽度，使内侧缝（F点）、外侧缝（E点）外移（此例中两边各加2cm）。从裤脚口侧缝处画直线至臀部，臀部以上的曲线要圆顺，下裆线处要圆顺至裆底。测量下裆长。

5. 折叠上部的褶量，描出腰围轮廓线。

后裤片
1. 使用标准原型拷贝后裤片，标记出相关省道、横裆线和中心线（布纹线）。根据需要调整腰围线，但不剪开。

2. 根据前裤脚口总增量计算后裤脚口宽，将总增量平均分成两份（此例为2.8cm），加至裤脚口线两边（G+2.8cm，H+2.8cm），过H+2.8cm点向侧缝线处的臀部曲线做直线切线，从内侧缝G+0.8cm点到下裆线顶点作一条圆顺的曲线。

检查前、后裤片的侧缝线长是否一致，下裆线长度在对位点之间是否匹配，适当作出调整。

146   裤装

裤装样板基础
标准型
加褶
高腰裤
低腰裤
口袋、拉链与后整理

5

单褶宽腿裤

这个样板的前裤片有一个褶，它是侧缝线与下裆线均垂直于裤脚口的宽松裤。为使该款式更加宽松，后裤片也加宽使裤子在臀部悬垂。

单褶宽腿裤

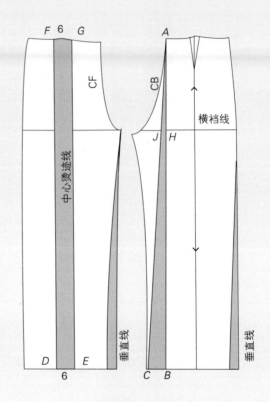

增加褶量

$D—E$ = 6cm

$C—B$ = 5.6cm

制作步骤：

前裤片

1. 根据需要加入一个至裤脚口的褶，使得裤脚口的增加量与腰部的增加量相同（$D—E$=6cm，$F—G$=6cm）。

2. 将侧缝线、下裆线与裤脚口线垂直以增大裤脚口宽。侧缝线与臀部曲线相交，下裆线到上部微曲。

3. 在腰围线上沿着中心线折叠部分褶，并画顺腰围线。

后裤片

1. 拷贝裤子后片原型，标记出相关省道、横裆线、中心线及对位点。将其剪下。

2. 作直线 $A—B$ 垂直于横裆线。沿 $A—B$ 从 B 点剪开至 A 点，但 A 点处不能剪断。将样板放于新的纸上，在裤脚口处展开一定的量（$C—B$=5.6cm）以增加裤脚口宽，使得裤脚口线与下裆线垂直。

3. 从侧缝臀围处向下作裤脚口线的垂线，即增加了裤脚口宽，但该增加量并不要求与靠近下裆线的增加量相等。

检查前、后裤片的侧缝线长是否一致，下裆线长度在对位点之间是否匹配，并适当作出调整。

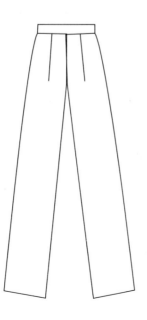

双褶特宽裤

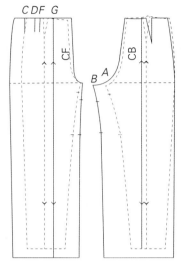

C D F G

CF

CB

B A

初期样板
A—B = 4cm
G—F = 6cm（褶量）
D—F = 2cm（褶距）
D—C = 4.8cm（褶量）

最终样板
A—B = 4cm
G—F = 6cm（褶量）
D—F = 2cm（褶距）
D—C = 4.8cm（褶量）

双褶特宽裤

　　这款裤子就是通常所说的"牛津裤"。该款裤子因在前后裆线处加入了额外的宽度而变得宽大。前中心线（CF）几乎垂直于横裆线，裤长也较普通的裤子略长，如图所示。

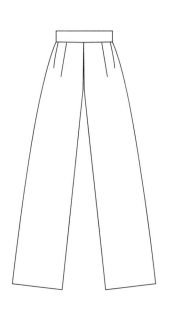

制作步骤：

准备
参照单褶宽腿裤。

前裤片
1. 将前中心线（CF）拉直使之垂直于横裆线，这样便增加了腰部的宽度。

2. 沿腰围线向侧缝方向标记出追加褶的位置（F—D=2cm），将原型沿横裆线向外移出另一个褶的量（D—C=4.8cm），同时也加宽裤脚口。

3. 将腰部的褶折叠，并画顺腰围线。

后裤片
1. 在原有的后裆弯线处加宽4cm（A—B=4cm），新的后裆弯线应与原后裆弯线在同一水平线上。这个增加量是添加在前、后横裆线之间的。

2. 将原有的下裆线向外移出4cm，并绘出外轮廓，要确保新的下裆线与裤脚口线垂直。

3. 或者：移动后腰省使之稍微向侧缝线方向倾斜，保持原有省量及省长，如此可使后裤袋有一个较好的造型线。

高腰裤

5

　　高腰裤是通过提高腰围线及改变上身比例来达到延长腿部，在20世纪30～40年代、80～90年代以及2010～2011年间，几度盛行。高腰裤在腰围线以上贴服在身体上，可以美化人体，并且穿着舒适。裤腰的高度在没有鲸骨支撑的情况下可以达到多大的极限，主要依靠面、衬料的性能。

高连腰裤

　　此例的腰头是连在裤子上的，裤子的上口延伸到腰围线以上。最理想的是上部延伸的部分很接近腰头上口所处位置的人体尺寸。腰部以增加省的数量来塑造形状，尤其在后腰部。

高连腰裤

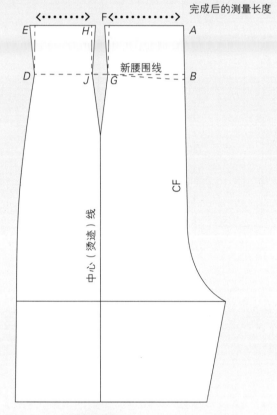

完成后的测量长度

新腰围线

中心（烫迹）线

CF

前片样板

A—B = 6cm

D—E = 6cm

F—G = *H—J* = 6cm

制作步骤：

前裤片

1. 拷贝基本前裤片原型，标记出省道、中心线（布纹线）和横裆线。确保腰围线以上有足够的纸绘制连腰部分。

2. 垂直于前中心线（CF）作出新腰围线。从新腰围线向上作垂直线*B—A*，其间的距离即为高腰宽（6cm）。

3. 在新腰围线上过省道两侧的*J*点、*G*点和侧缝线上的*D*点向上做垂直线。在高腰部分（*G—F*=6cm）（*J—H*=6cm）减去适合的省量，而在侧缝处加量（*D—E*=6cm）画出高腰部分的轮廓线（注意计算适合的省量）。

4. 在腰上口画出垂直于前中心线（CF）并与侧缝线相交的轮廓线。闭合腰省后调节轮廓线使之圆顺。测量腰线的长度以确保其正确。

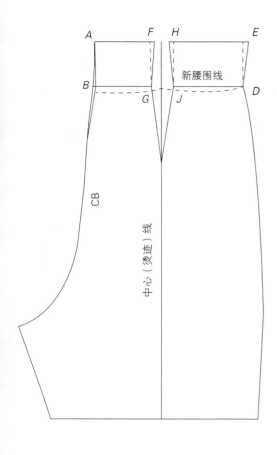

后裤片

1. 拷贝基本后裤片原型,标记出省道、中心线(布纹线)以及横裆线。确保腰围线以上有足够的纸绘制连腰部分。

2. 垂直于侧缝线画出新腰围线。从新腰围线向上作垂直线*B—A*,其间的距离即为高腰宽(6cm)。

3. 从新腰围线上过省道两侧的*G*点、*J*点和侧缝线上的*D*点向上做垂直线。在高腰部分(*G—F*=6cm)(*J—H*=6cm)减去适合的省量,而在侧缝处加量(*D—E*=6cm)画出高腰部分的轮廓线(注意计算适合的省量)。

4. 在腰上口画出垂直于后中心线(CB)并与侧缝线相交的轮廓线。闭合腰省后调节轮廓线使之圆顺。测量腰线长度以确保其正确。

计算高腰部分适合量的方法

1. 裤片原型可用来计算腰围线以上部分的宽度,但为使其紧身必须减去一定的量(也就是说,要减去样板的松量)。

2. 使用标准尺寸表。

3. 测量人台。

4. 测量人体。

一旦完成全部尺寸的测量,通过样板宽度与实际宽度的差值就可以计算出省量,然后将其等量分配到省道和侧缝。

试穿可以解决任何问题,并且试穿还可以显示是否需要鲸骨。

通常,连腰部分需要贴边,如果需要鲸骨,其鲸骨就要达到腰部以上。

150 裤装

裤装样板基础
标准型
加褶
高腰裤
低腰裤
口袋、拉链与后整理

5

紧身裤/牛仔裤

　　贴体的裤子需要更长的后裆线。这个案例是为无前腰省的牛仔裤样板做准备。如果要设计一条非常紧身的裤子，则应首选使用有弹性的面料并通过中心线缩小样板。最好预先进行面料的弹性测试，然后计算出面料的拉伸率，并以此来调节样板。如果裤脚口非常小，而面料又没有弹性，那么就需要增加拉链、按扣、纽扣或开口。另一种设计是在局部插入弹性面料。也可使用其他有趣的设计，以便脚能伸出裤脚口。尽管本例是为牛仔裤样板做准备，但从样板制作的专业性来看，其样板本身就是很好的牛仔裤样板。

　　弹性面料裁剪之前，样板通常应裁剪得稍大一些，待其收缩后再修改。20世纪60~70年代时，人们通过浸泡在热水中使牛仔裤收缩紧包人体。弹性面料使牛仔裤有了非常紧身的效果，并且在坐下或平时穿着时不用担心缝线开裂。弹性牛仔裤的最大缺点是会下滑，这是因为人体体温使面料升温，而且躯干部的面料比腿部面料拉伸得更多。

紧身裤/牛仔裤

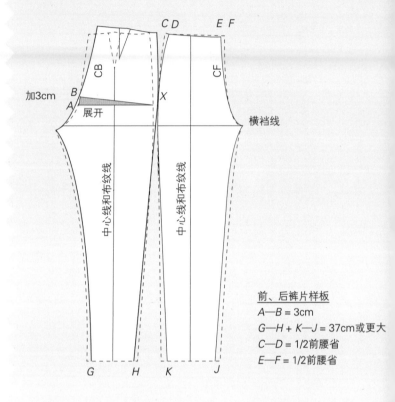

前、后裤片样板
A—B = 3cm
G—H + K—J = 37cm或更大
C—D = 1/2前腰省
E—F = 1/2前腰省

制作步骤：

1. 拷贝裤子前、后片原型，并使前、后裤片的横裆线保持在同一水平线上。

2. 后裤片：从CB线上高出横裆线6cm的A点处作直线，使其平行于横裆线并与侧缝线相交于X点。

3. 从A点剪开样板并拉展3cm，将CB线增长。这样会改变腰围线的倾斜角度。另取一张新纸重新画，并把CB曲线画得更圆顺。

4. 前裤片：将腰省量平均分配至CF线（E—F）和侧缝线（C—D）上。这将会增大CF线的斜度，如果看起来太斜（依据人体尺寸），则应把侧缝线处调节得多一点。重新绘制腰围线曲线，与CF线和侧缝线相交成直角。

5. 前裤片和后裤片：腿部修身的裤子通过缩减裤腿围度来实现，故对于没有弹性的面料，裤脚口的围度应不小于37cm。重新绘制下裆线，画出裤腿内侧的凹形线条。在距上部6cm和距裤脚口54cm的位置标记对位点。

6. 必要时可调节或减少臀围宽度。

后裤片加育克
（以低腰裤为例）

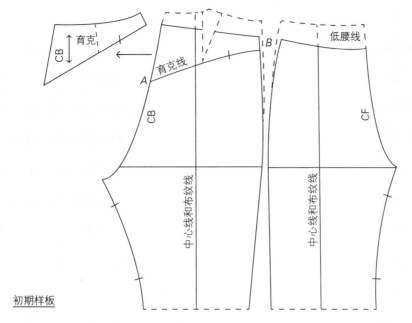

初期样板

后育克

　　该方法同样适用于正常腰围的牛仔裤或其他裤子。

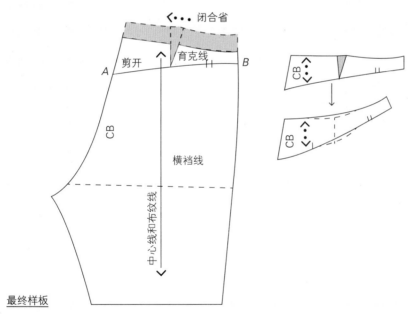

最终样板

制作步骤：

1. 拷贝裤子后片原型，本例中以低腰裤/牛仔裤作为原型。

2. 闭合腰省，从CB线上的A点到侧缝线上的B点作一条曲线，且该曲线经过后腰省的省尖点。这将是育克的大小和形状。

3. 标记对位点，沿A—B将育克从低腰裤中剪下。

4. 闭合后腰省，将育克缝线与腰围线画圆顺，抹平闭合腰省造成的尖角。

低腰裤

5

低腰裤要求裤装在低腰部分合体，因此需要对低腰处进行准确的测量。在许多例子中，如果腰围线过低，腰头就不好塑形，后中心线也将分开。后腰部凹处和臀到腰的差值很大最适合用腰头来分割，且腰头的后中心线比前中心线略高。腰头一定要从样板上剪下，这样腰头是弯曲的且适合人体。

低腰裤

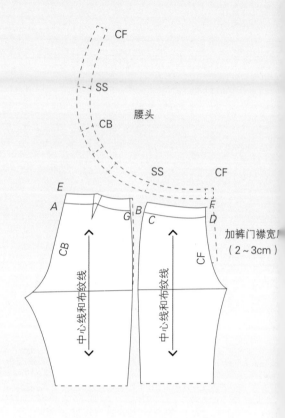

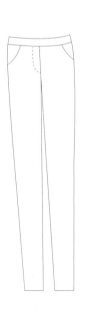

制作步骤：

1. 前裤片和后裤片：拷贝牛仔裤前、后片原型，标记中心线、横裆线、后腰省和对位点。

2. 标记出新腰围线的位置，从降低的后中心线（CB）按原腰围线的形态平行作出新的腰围线。从CB至侧缝线画一条圆顺的曲线（A—B），从CF至侧缝线画一条圆顺的曲线（C—D）。

后裤片

1. 调整裤片上的曲线A—B的长度，通过闭合省道将省量从侧缝中消除。将侧缝线画圆顺使之与新的点（G点）连接。对于臀腰差较大的体型则不能直接消除，而应保留后腰省。

2. 沿着腰头标记对位点，保证当省道闭合时能与裤身相匹配（如图所示为闭合后腰头）。

3. 沿着侧缝线分离腰头，且闭合腰省后重新将外轮廓线画圆顺。

前裤片

1. 平行于CF线画出裤门襟的宽度（2~3cm），保持腰围线曲度与裤门襟线垂直，并且将曲线画到拉链末端向下2cm处。伸出的部分会被拷贝分割出来用于前裤门襟（见门襟处分离部件）。

2. 沿腰头标记出对位点，剪下并分离出包括拉链裤门襟宽的腰头。

腰头

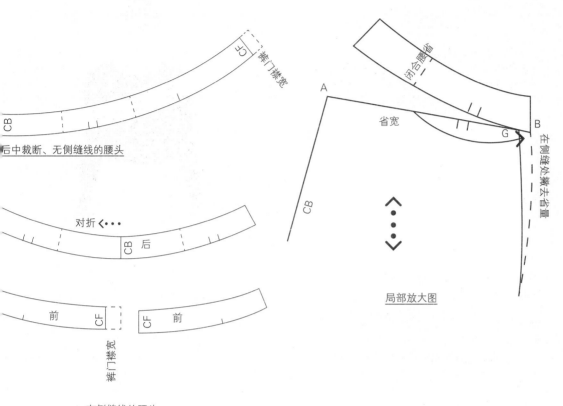

后中裁断、无侧缝线的腰头

有侧缝线的腰头

局部放大图

制作步骤:

分开的样板
根据设计需要，或者面料用量，可将CB线或侧缝线连接。
CB线：将前、后裤片在侧缝线处合并，保留CB线。在对折的双层纸上描出外轮廓线，标记出对位点，这样对折纸的两边就都有了标记。在裤子有门襟的一侧标记出CF线上裤门襟的宽度，而不是在两侧都标记。

布纹方向：通常布纹线与CF线平行。

侧缝线：将CB线放于对折纸的折边上，拷贝出至侧缝线的腰头部分，并标记出对位点。将腰头前片放于双层纸上（不对折），拷贝出至侧缝线的腰头部分，并标记出对位点。确认裤门襟宽在正确的一侧，并且仅在一侧。

布纹方向：布纹线与CB折线和CF线平行。

注：腰头也可以做成一片的，但在工业生产中为了节约成本，通常将CB线折痕作为布纹线方向。

一片样板

在侧缝线处连接腰头前、后片，将CB线放在对折纸的折边上（复制另一半），小心固定好，防止纸的滑动产生误差。拷贝出前后腰头，包括对位点和侧缝线位置，且要印到下层纸上。仅在其中一侧有门襟量。

5

缝合

　　裤片在缝合下裆缝时，通常是从裆底缝至裤脚口，因为下裆缝是弯曲的。

答疑解难

　　裤子合不合体是根据款式设计和试穿者的体型而定的。通常，由于宽松裤的松量很大，所以更容易试穿。而紧身裤紧贴着人体和腿部，在裆部往往容易出现问题。在任何情况下，裆部无褶皱是比较满意的效果，并且裤腿与腿部中心结构平衡。

　　穿着效果好不好是由很多变量造成的。但一定要确保腰部到胯部之间的深度能满足人体需求的上裆长。这种关系同样适用于低腰裤。

通过重新调整侧缝线可以解决很多问题。
确保样板上有布纹线和横裆线。保持横裆线通过中心线。

常见问题：
· 前裆部出现褶皱。
· 后裆部沿裆线牵拽或裂开。
· 侧缝线扭曲。
· 烫迹线扭曲。
· 臀部下方牵拽。

中臀围
臀围线
横裆线
上裆长
布纹线穿过中心线

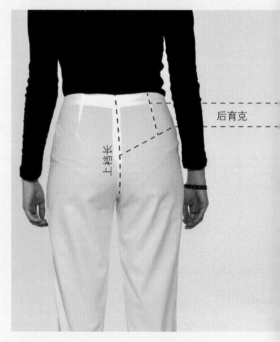

后育克
上裆长

裆部褶皱

检查前裆线的角度，需要将角度调大或调小。

检查前、后裆宽的关系，前裆宽应小于后裆宽。

褶皱部位的裆线应更弯（挖取量更大）。

后裆部沿裆线牵拽或裂开

· 检查整体裆长，可以在后裆线处剪开拉展以增大后裆线的长度（参见牛仔裤）。

· 若人体后腰部内凹或臀部较大，应在后裆线上减小腰围。如果要减少的量太大，可在样板上设置省道。

侧缝线扭曲

· 叠合前、后裤片脚口线，检查前、后裤片的脚口宽。后裤片脚口宽应略大于前裤片脚口宽，调整好后需要重新标记对位点。

· 检查前、后裤片的布纹线，布纹线通常垂直于脚口边和横裆线。

· 检查臀宽尺寸。臀宽过紧会造成侧缝线歪斜。

线扭曲

查前、后裤片的布纹线。布纹线应垂于横裆线，并穿过裤腿的中心线。

查侧缝线长度及对位点，如果侧缝长度不同，要确保裤片对位在横裆上，并对两侧缝线作相应调整。

臀部下方牵拽

· 检查裆线长度，确保其不太短。根据需要调整其长度，可以增加后裆线下部的长度。

· 检查裆线是否挖得过多。

· 检查裤腿下部，确保其不太紧。可增加裤腿下部的宽度使面料可以上下滑动。

5

口袋、拉链与后整理

　　此处列举出制作完成一条裤子的一些最常用方法。

牛仔裤前口袋

　　口袋的主要特点体现在其形状、深度以及固定袋布的位置——在腰围线上还是在前中心线上。固定口袋布是为了防止其移动和扭曲，如果存在疑问可以查看其他口袋的裁剪及制作方法，这样有助于了解口袋的构成部件。

牛仔裤前口袋

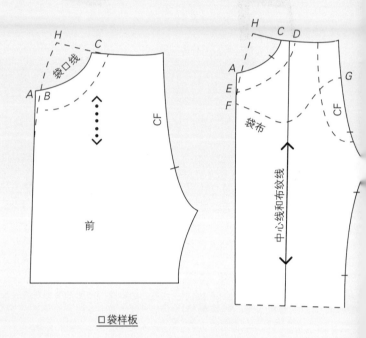

口袋样板

制作步骤

1. 画出袋口线，使用原模制板尺或徒手从腰围线到侧缝线处画一条圆顺的弧线（C–B）。根据面料厚度，延长该口袋线超过侧缝线0.25~0.5cm至A点，这样就可以让手轻松地伸入口袋。

2. 画出袋布形状，在侧缝线和CF线上固定位置（F—G）。浅的口袋可能不需要通到CF线，但深的口袋要通到。

3. 在袋口线以下约3cm处画一条与袋口线相似的曲线（E—D），这是靠身体一侧的样板（垫底布）。现在即可拷贝口袋的全部部件了。

4. 拷贝出口袋样板，包括袋下侧和靠侧缝部分（H—F，F—G，腰围线及CF线）。

5. 拷贝分离出靠侧缝部分的样板（H—E，E—D，H—D）。曲线E—D是面料和里料的拼接线。在工业生产中，E—D以上部分是面料，放于袋布的上面缝合。E—D以下的袋布是里料，这两片要分开裁剪。

6. 在袋布里上，拷贝出新的袋口线（A—B—C）和该线以下部分的袋布线。在袋布线上标记出对位点，以便缝合面料与里料。

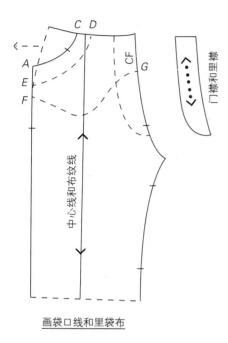

画袋口线和里袋布

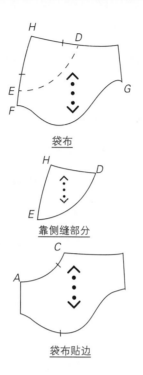

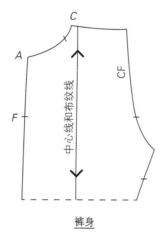

袋布

靠侧缝部分

袋布贴边

裤身

7. 在样板上减掉靠侧缝部分或沿裤子样板的袋口线剪开，与裤身分离。标记所有相关的对位点。

任选：也可绘制出门襟和里襟，如图所示。

5

侧开袋

这种口袋可用于各种情况，它是加宽裤侧缝而构成袋布贴边的口袋。

侧开袋

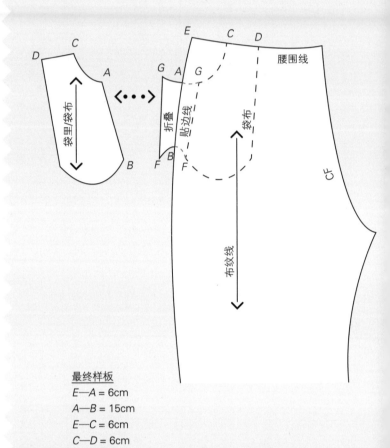

最终样板

$E—A$ = 6cm
$A—B$ = 15cm
$E—C$ = 6cm
$C—D$ = 6cm

制作步骤:

前裤片

1. 在纸上保证侧缝线的一边有足够的绘制空间，沿侧缝线标记出口袋的开口位置，从E点至A点（6cm）。袋口线$A—B$要足够长（15cm）确保手可以自由出入。直线连接A点—B点。

2. 从A点至B点画袋口的大小形状，要确保它能容下一只手。在腰围线处完成袋布上口线（C点和D点）。

3. 袋口贴边: 在侧缝线（$A—B$）内侧2.5~3cm处画斜线（$F—G$）。沿$A—B$线向后折叠纸，并描出袋贴边的轮廓线，标记出对位点。将纸展平，$A—G$、$G—F$和$F—B$即为袋口贴边，在制作时将其向内折。

4. 袋里沿着$F—G$、$G—C$、$C—D$和$F—D$拷贝出外轮廓。

后裤片

将侧缝处的样板与前裤片的袋里相匹配。

注: 通常会连接至贴边，所以应当将分离部分的样板拷贝出来。

前门襟拉链开口

前门襟有两片或三片样板：一片或两片是里襟，一片是门襟。里襟宽的量一定要与腰头的搭门量一致。

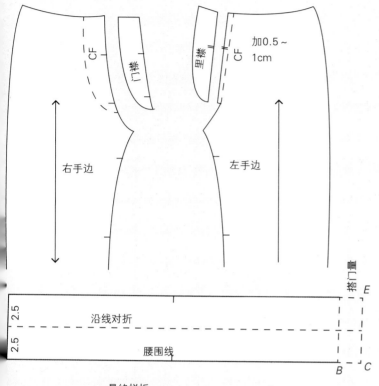

最终样板
搭门量
$D—A = 5cm$
$E—C = 5cm$
$B—C = 3cm$

制作步骤

1. 在CF线上标出拉链的长度。在前裤片样板上画一条距CF线约3cm宽的平行线，将该线向下延长画线交于CF线拉链长向下1.5cm处。

2. 将该样板复制三份，标记出平行于CF的布纹线。一份样板用作门襟，另外两份用作里襟。

3. 决定CF线哪一侧是装拉链的门襟（左边还是右边）。根据需要在样板上标记出面料的正面或反面。

4. 画一个矩形，长度为腰围尺寸，宽为腰头宽的两倍。一边增加纽扣搭门宽。应使用三角板画出直角。

$A—B$ = 裤子腰围尺寸
$B—C$ = 搭门宽（3cm）
$A—D$ = 2倍腰头宽（5cm）
$C—E = A—D$

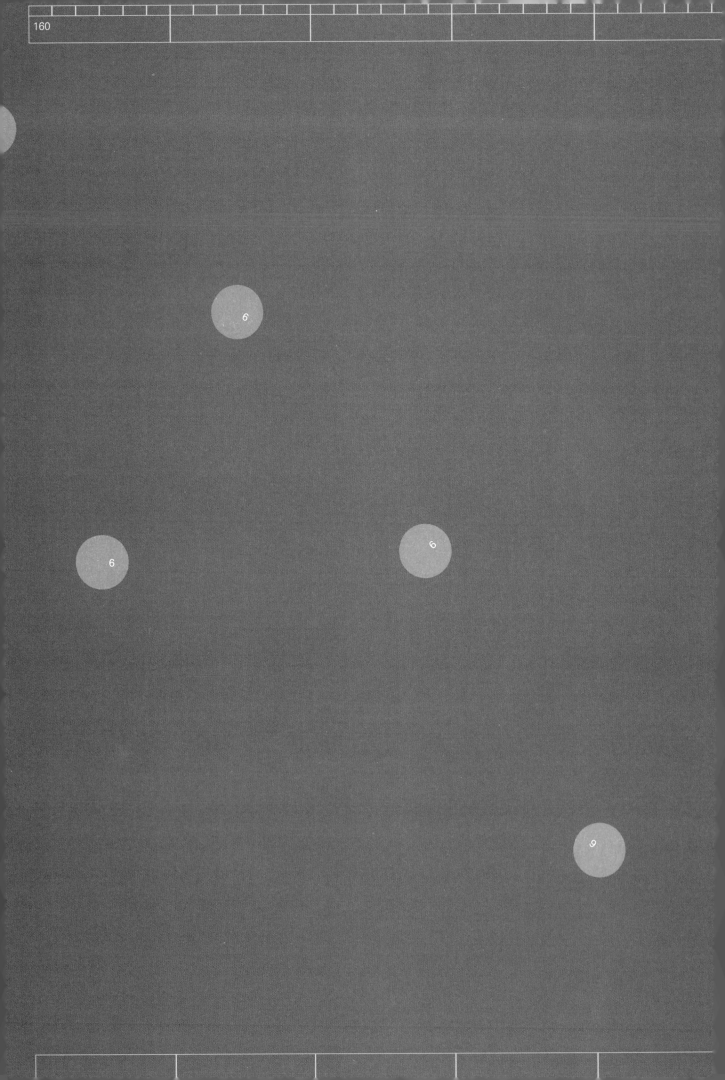

6

6

6

可持续性与时尚

　　如今可持续性是设计师和样板师关注的主要问题。本部分调查研究了影响服装设计的关键因素，并展现了可持续性更强、损耗更少的样板裁剪新方法。

6

解构等级层次与传统

我们目前面临很多关于地球资源枯竭的讨论和问题，如"石油峰值论"、全球变暖的后果等。不论事实如何，我们都不能盲目地不去考虑采取措施，以降低我们的行为对地球造成的影响。

消费和浪费

作为人类，我们都需要着装，但是我们不用每天去选择穿什么也能够轻松地生活。选择带来了浪费，我们从环境中获取的90%的资源会在3个月内就被浪费掉，这才是真正令人担忧的。

关于我们为什么要发展唯物的行为理论已被很深入的讨论过，产品营销——尤其是时尚——进一步解释了该行为。设计师、学者、理论家乔纳森·查普曼（Jonathan Chapman），《感性耐用品设计：对象、体验与移情》（*Emotionally Durable Design: Objects, Experiences and Empathy*）的作者，他提出对事物赋予情感已有一段很长的历史。甚至在早期文明中，价值会被赋予给某些物品，如能治愈伤口的石头和神圣的羽毛，该物品的拥有者也会被授予某种权力。同样，也许拥有普拉达包就意味着拥有时尚趋势的发言权，并表明一种优势和权势。

西方大众消费主义随着19世纪的工业革命的到来而爆发。人类社会从集体所有制意识进入到了个人所有制的意识。在20世纪50年代的后现代时期，产品的功能意义被其内涵所取代，产品变为我们自身的扩展和表现的一种象征、符号和标志。

卡洛·佩特里尼（Carlo Petrini）

等级层次系统是一个根深蒂固的问题，应该得到解决，这需要从不同的角度来看待，应该将重点从我们消费的原因和途径，转移到更新的消费行为模式。可持续发展的核心是要求我们的财富创造系统更少地依赖于对资源的利用，并且重新计算人类与消耗速度的关系。

美学和设计

理查德·海因伯格（Richard Heinberg）在《衰落巅峰：走向衰退的世纪》（*Peak Everything: Waking Up to the Century of Declines*）一书中陈述，"在20世纪期间，即使是最杰出的工业设计师，也要遵从产品是一种象征意义的表达，其整体特征通过范围、速度、积累和效率等来阐释"。在20世纪50年代，万斯·帕卡德（Vance Packard）写了《浪费制造者》（*The Waste Makers*）一书，介绍了产品的"计划废弃"的概念。产品特别是时尚服装已经融入了"计划废弃"概念，废弃的时装不一定没有使用价值，但在时尚周期中已经过时了。在时尚产业，这被认为是"好的"，因为每一季或换季时都需要新的时尚服装。

此外，人口增长、旅行和交流促进了设计创新，这可能是因为思想的交流、竞争以及社会变化。通过创新，西方文化已经创造出专门的工具来减少许多劳动密集型的工作，从而提供给我们更多的时间去实验和创造。时尚为我们提供了一个机会，通过文化变迁和价值的理想化观点去不断地重新改造自己。不论是去探索性感还是社会地位，这种改造都很好玩，也极具期望。

设计的完整性

理查德·海因伯格认为审美已经退化，我们对消费的产品不是产生美观上的自豪感，我们更引以为傲的是拥有它们。在现代科技之前，工匠们创造了我们现在的生活环境和使用的物品，时间和技能为作品注入了灵魂和生命。玛伦·贝姆普顿（Maureen Bampton）引用《视觉》杂志说："人类工艺具有生命，它是真实的、具有灵魂的——所有精华品质都延续到21世纪。"

设计在消费者如何与时尚产品接触中起着关键作用，设计师必须学会理解并参与到人们在涉及时尚和个性时表现出的反复多变和复杂的情感问题。可以这么说，设计师获得的是表面上和经济上的成功，消费者被看做是目标市场来开发。追求时尚的消费者可能会狂热地喜欢上某件服装，但是一旦出现备选款式，其兴趣会很快消退，转而去追求更新的款式、造型或颜色。

查普曼建议，由于设计本身没有消费者参与，所以没有办法吸引到消费者，而新的设计或替代品层出不穷。因此生产和消费是持续的。设计是创造和创新的连接点，创新可以提供解决可持续性问题的办法。

快乐时尚并存于意识和责任。

6

样板裁剪与浪费

在服装生产中，裁剪师对如何使用材料起着重要作用。通过制作可以重复利用的样板，或者用可循环利用的材料制作样板，裁剪师已经开始限制产品所需材料的数量。

历史背景

传统的服装裁剪方法需要的样板形状各不相同，因此限制了重复利用的可能性，除非生产量足够大，或者重新将部件和其他服装组合。例如，20世纪80年代，很流行用袖子或针织衫衣身与机织物生产组合夹克和服装。

20世纪30年代，玛德琳·维奥内特经常以几何形状裁剪她的服装，主要是正方形和矩形，这可以通过立裁来实现。这被认为是可持续性的实践，因为面料的形状可重新使用到其他服装上。有人认为，服装再次造型为更简单的廓型会更好。

面料再利用

如前面所提到的循环利用服装的部件，并不是新的方法，有许多方法可以重复利用面料。纱线的循环利用通常会降低产品的质量，被称为"下降性循环"。在重复利用面料、纱线和服装的过程中，能够保持或提高产品质量，被称为"升级再造"。

有许多设计师会回收利用服装材料，将不同来源的材料再创造为新的服装。这种方法不仅不会改变材料的原始状态，还能保持它原有的特性和质量。

可循环服装衣片的形状和尺寸决定了你可以用它来做什么，这些制约因素极富挑战性，也决定了最终的结果。这种服装的样板与传统的样板不同。

右图
刘马克（Mark Liu）
刘马克独特的裁剪技术为他的"零浪费"服装系列作品节省了15%的面料。

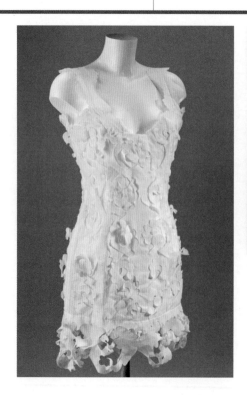
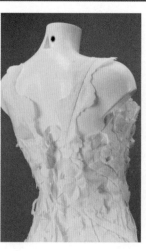
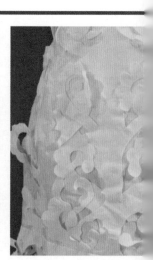

多数服装产品完成后都会有剩余面料。取消订单和合格率提高，都成为产量减少的原因，该过程浪费的材料被称为"生产后废料"。设计公司"来自某地"就是利用生产后废料再创造设计。以可利用的不同类别面料去创造不同的服装（这是协调的，在商业上是可行的），需要将许多面料组合在一起，这意味着需要根据面料的大小来制作样板。这种设计和样板需要通过比例搭配将不同的面料与颜色调配在一起。

设计、样板裁剪和零浪费

当代服装产业中，设计、样板、裁剪和制作都是造成浪费的环节，可通过几种方法得以解决。"零浪费"是一种新的样板裁剪方法，也就是制作的样板在裁剪时可以充分利用面料。设计师刘马克已经创造了这种裁剪方法。在他的第一个系列服装中，他利用纱线交错形成镂花效果来构成衣片，然后将这些纱线剪开、组装成衣片，最后用剩余的面料作为装饰。

将一件衣服变成特殊的样板形状

还有一种零浪费的方法是根据实际需要进行编织，因此服装样片就在织布机上完成，完全依据预定的形状进行编织，类似于全成型针织物。编织工悉达多·乌帕德希雅（Siddhartha Upadhyaya）直接在织布机上编织他的设计。根据尺寸和样板形状编织出衣片，因此没有剩余的面料。

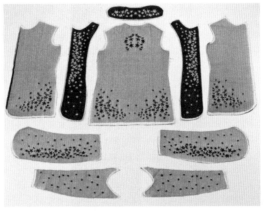

左图
悉达多·乌帕德希雅
时装工艺师悉达多·乌帕德希雅在他的量身定制系列中，发明了一种编织方法，可编织出很精确的样片形状，组合成一件短上衣。

新视野

6

可持续样板裁剪的创新引领着新的思想潮流，它推动了新的变化，刺激产生了新的设计作品。在这里，我们看三个学生的作品以及他们对可持续样板裁剪方法的追求。

【案例研究】
简·柏勒（Jane Bowler）

前面看到了几种循环利用面料的例子。许多设计师循环利用旧衣服的回收面料，使得面料在原始状态下再被利用，并且保持面料的特点和质量。有的人利用预裁服装面料，根据其长度和宽度来决定服装样板。

然而科学技术正在为纺织服装的发展提供新的机会。利用废料、较少的资源浪费可以推动较大的发展，正如在简·柏勒的作品中所传达的：

"我的系列服装点燃了我的激情，让我利用独特的制作工艺来处理普通廉价的服装材料。手工染色塑料以及创新的热成型加工技术，为服装设计开辟了独特的方法。

在2011年秋冬系列服装中，我利用丢弃的材料和半成品材料，为它们注入了新的活力。我发现废弃设备上有许多多余的塑料和下脚料，通过手工染色及热处理可以将它们变成好看的服装。

材料处理过程对我的独特性设计起着关键作用。通过处理、成型，最终形成每一件服装特有的美感、纹理、样板和颜色。我的服装设计总是开始于我对材料的偏好，以及对新技术进行试验的热情。这种探索过程使得纺织品进入了舞台中心，其无可比拟的美感和创造出的独一无二的面料特点也影响着服装造型。

关于可持续性，在我最近的2012年春夏系列和秋冬系列中，持续探索了怎样改造令人讨厌的塑料。在此过程中我一直强调的是无限创意的设计、创造完美的工艺技术和独一无二的服装，这些服装你会愿意永久地保留下去，并摒弃日益增长的'一次性时尚'观念。"

上图
<u>蓝色流苏雨衣</u>
"我喜欢能激起好奇心和令人产生质疑的设计元素。当有人说你的服装是由浴室的窗帘制作的（蓝色雨衣，2011年秋冬），或是由废弃家具的面料制成的（灰色丛毛雨衣，2011年秋冬），真的很神奇，想象一下你竟然可以从别人的废弃物中制作出这样的服装。"

右图
<u>雕镂PVC（聚氯乙烯）短上衣</u>
2011年秋冬系列服装运用了一种新的热成型技术。简（Jane）运用这种技术进行裁剪并在聚氯乙烯材料上制作浮雕图案。同时在该过程中为塑料注入金色，省去了染色环节。

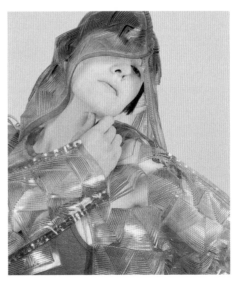

【案例研究】
王芳（Fong Wong）

设计师们也正在用可持续的实践观念去探索如何在样板裁剪中将几何图案表现出不同的效果。设计师王芳致力于运用六角形的样板进行整件服装的设计。一个成熟的计算机程序可以使她在裁剪制作之前就看到服装的三维（3D)效果。她对六角形的特殊处理创造了肌理感很强的面料质感和非常规的廓型，并且通过一系列的六角形可以创造出不同的设计。

"六"是个概念集合，它主要由六角形的结构演变而来。该系列服装结合了传统制作流程以及设计和制造的新技术：

"我的研究灵感主要来自于自然界的六角形结构：蜂巢和雪花。蜂巢是利用材料来创造表面和空间的最佳效果；雪花有无限种形态，但无论简单的结构或复杂的结构都是由基本的水分子组成的。从这种基本结构出发，我提炼出构建服装结构的方法，最终完成了服装系列。"

图例所示是王芳设计过程的一些结果。原型服装系列主要由六角形组成，该组成过程有无限种可能，并且这种设计方法可以应用于3D设计，尽管最先应用3D设计的是建筑设计。

裙子是第一个被创造出来的服装。设计开始时是通过立裁构建单一形状，然后将各部分合并在一起就可以创造出新的形状。该形状细分为独立衣片和合并在一起的衣片。立裁过程决定了设计，而不是设计师想要设计什么的一个先入为主的概念。再用轻薄真丝硬纱进行数码印花，完成最终的服装。

时尚就是改变，随着新技术变得越来越普遍，时尚将加速产品的循环发展。该系列使用了传统流程和新技术，服装综合运用了数码印花技术、在合成面料上运用升华打印技术、激光裁剪技术以及超声波技术。

这种制板和设计的方法有助于可持续性的实践，因为六角形状以及其他几何形状可以使面料的浪费达到最小化，因为这些形状作为拼图可以相互嵌合在一起。CAD和3D软件在设计过程中的运用可以减少浪费，因为设计已经数字化，而不用总是需要样板来辛苦地去看设计的效果。将数码印花运用在面料的颜色和衣片上也能减少颜料和印花的浪费，因为印花只印在某一特定区域或衣片。最终，使用可再生、有机或者其他可持续面料完成可持续理念。

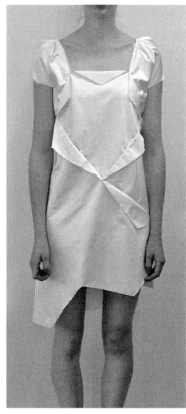

上图
六个六边形的排列
构建服装衣片的过程使得王芳
的设计作品中融入了一些无法
预料的设计效果。

【案例研究】
费德丽卡·布拉费瑞（Federica Braghieri）

在三角几何中，三角测量法是通过测量从固定基准线的末端或者某个定点到某一点的角度来决定点位。根据已知的一条边和两个已知角，就可以将某一点作为三角形的第三个点固定。

样板的三角测量技术是由斯图尔特·艾特肯（Stuart Aitken）提出并引入发展到服装领域的，它是一种绘制样板的新方法。人体被划分为一系列的三角形，经过组装形成3D服装结构。

费德丽卡·布拉费瑞对该过程进行实验，并记录以下过程：

"通过在女性身体上划分几何结构，去创造合体的服装结构。这种想法也使我做了很多不同的实验。首先在人台上直接绘制几何形状，然后利用3D测量技术进行样板设计。

我的想法是直接在人台上绘制几何形状，将它们分成三角形，然后通过测量基准线记录于纸上，并测量两条连接线用圆规找到第三个点从而建立我的样板。

然后将样板扫描输入进AI软件（Adobe Illustrator）及格博软件（Gerber Accumark）得到三维结构。激光裁剪后，为创造完美组装的几何形状，我探索了热缝合、胶黏合和机器加工等方法。

研究目的首先是为了得到一种创新的方法。通过使用不同的技术与工艺，创造出结构性的时尚服装以及几何形状的面料肌理。

为达到该目的，我专注于将人体特征作为主要模型结构。通过调查3D和2D软件能够实现的各种可能性，我确定了合适的材料和创新组装技术之间的联系。

该工程是基于伦敦的意大利产品设计，里卡多·博（Riccardo Bovo）的最新设计使用Grasshopper软件（一个图形运算程序软件）。他将形状定义为一种算法，并通过导向面建立结构。经激光裁剪后，手工将衣片组装。我的想法是与其合作，学习这项有趣的数码技术。该技术被建筑师和室内设计师普遍接受，并被应用到服装设计上。

由此出现以下问题：如果将人体作为导向面将会怎么样？

我采取的措施是将3D女体模型输入到软件中，修剪到躯干，然后模糊处理，通过减小轮廓清晰度来作为导向面。将其输入到Rhino 3D软件后，我想到要用Grasshopper软件，可以直接在人体表面生成几何结构。

随后将最后的结果录入Pepakura Designer 3软件（日本开发的软件，可将3D数据转化为纸张模型），从而将3D模型转化为样板。

不一定每一样片都会有裁剪线或标记线，使展开的材料处于正确的位置或者稍有偏差，所以需要衣片要像编织物，激光切割后就可以将样片组装。

每一样片与其他样片都不同，并且只在人体某一位置时才合适。组装就像益智类游戏，每一样片只能在一个适合的位置才可以继续另一样片。"

这是个创新的设计过程，该过程应用软件后可以设计和开发任何服装，尽管该软件不经常用于服装。最终出来的结果是数学上匹配的衣片，由于是依照人体表面开发的，所以它有完美的形状和合体的尺寸。

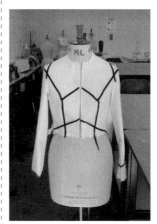

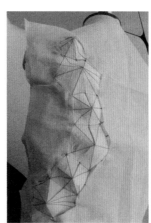

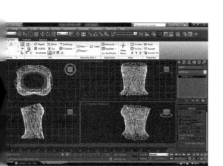

左图与上图
应用电脑的创新
在该设计的整个过程中，费德丽卡的想法是利用电脑直接在人体上裁剪出样板。

附录

换算表
（公、英制换算）

书中用到的尺寸如下列出，并列出了等量的英制尺寸，最小保留到 1/64in。

cm	in	cm	in
0.25	$7/64$	10	$3\ 15/16$
0.4	$11/64$	10.8	$4\ 17/64$
0.5	$13/64$	11	$4\ 11/32$
0.75	$19/64$	12	$4\ 47/64$
1	$13/32$	13	$5\ 1/8$
1.27	$33/64$	14	$5\ 33/64$
1.5	$19/32$	15	$5\ 29/32$
2	$51/64$	16	$6\ 5/16$
2.2	$7/8$	17	$6\ 45/64$
2.25	$57/64$	18	$7\ 3/32$
2.5	$63/64$	19	$7\ 31/64$
2.8	$1\ 7/64$	20	$7\ 7/8$
3	$1\ 3/16$	21	$8\ 9/32$
3.3	$1\ 5/16$	21.6	$8\ 33/64$
3.4	$1\ 11/32$	24	$9\ 29/64$
3.5	$1\ 25/64$	26	$10\ 1/4$
4	$1\ 37/64$	27	$10\ 41/64$
4.5	$1\ 25/32$	29	$11\ 27/64$
4.8	$1\ 57/64$	30	$11\ 13/16$
5	$1\ 21/32$	30.5	$12\ 1/64$
5.5	$2\ 11/64$	32	$12\ 39/64$
5.6	$2\ 7/32$	37	$14\ 37/64$
6	$2\ 3/8$	40	$15\ 3/4$
6.5	$2\ 9/16$	43	$16\ 15/16$
7	$2\ 49/64$	46	$18\ 1/8$
7.5	$2\ 61/64$	54	$21\ 17/64$
8	$3\ 5/32$	58	$22\ 27/32$
8.5	$3\ 23/64$	66	$25\ 63/64$
9	$3\ 35/64$	68	$26\ 25/32$
9.5	$3\ 3/4$	84	$33\ 5/64$

参考目录

Aldrich, W.M. 2008.
Metric Pattern Cutting
(5th Edition)
John Wiley & Sons

Bolton, A. and Koda, H. 2011.
*Alexander McQueen:
Savage Beauty*
Yale University Press

Chapman, J. 2005.
*Emotionally Durable Design:
Objects, Experiences and
Empathy*
Routledge

Chunman, D. 2010.
Pattern Cutting
Laurence King

Fletcher, K. 2008.
*Sustainable Fashion & Textiles:
Design Journeys*
Routledge

Handley, S. 1999.
*Nylon: The Manmade Fashion
Revolution*
Bloomsbury

Heinberg, R. 2010.
Peak Everything
New Society Publishers

Hodge, B. and Mears, P. 2006.
*Skin and Bones: Parallel
Practices in Fashion and
Architecture*
Thames and Hudson

Jenkyn–Jones, S. 2011.
Fashion Design
Laurence King

Jones, T. 2008.
Fashion Now 2
Taschen

Koda, H. 2001.
*Extreme Beauty: The Body
Transformed*
Yale University Press

推荐书目

Abling, B. and Maggio K. 2008.
Integrating Draping, Drafting and Drawing
Fairchild

Aldrich, W. 2007.
Fabric, Form and Pattern Cutting
Blackwell Publishing, 4th, Edition

Armstrong, H.J. 2005.
Patternmaking for Fashion Design
Pearson Education, 4th Edition

Bray, N. 2003.
Dress Pattern Designing
Blackwell Publishing

Burke, S. 2006.
Fashion Computing: Design Techniques and CAD
Burk Publishing

Dormonex, J. 1991.
Madeleine Vionnet
Thames & Hudson

Fischer, A. 2009.
Basics Fashion Design: Construction
AVA Publishing

Nakamichi, T. 2010.
Pattern Magic
Laurence King

Sato, H. 2012.
Drape Drape
Laurence King

Szkutnicka, B. 2010.
Technical Drawing for Fashion
Laurence King

Tyrrell, A. 2010.
Classic Fashion Patterns
Batsford

Ward, J. and Shoben, M. 1987.
Pattern Cutting and Making Up: The Professional Approach
Butterworth-Heineman

可持续面料供应商

Akin Tekstil
www.akintekstil.com.tr
Organic cotton and recycled fibres.

Apac Inti Corpora
www.apacinti.com
Recycled denim.

Ardalanish Weavers
www.ardalanishfarm.co.uk
Native-breed wool and naturally dyed.

Asahi Kasei Fibres Corp
www.asahi-kasei.co.jp
Recycled PET, retrieved polyester fibres for suede alternatives.

Avani Kumaon
www.avani-kumaon
Hand spun and woven silk, natural dyes, solar powered closed loop production.

Bhaskar Industries
www.bhaskarindustries.com
Innovative blends of cotton denim for large-scale production.

Bossa Denim
www.bossa.com
Denim production with eco principles.

Burce Tekstil
www.burce.tr
Performance fabrics using organic cotton and certified fabrics, prints and dyes.

Cornish Organic Wool
www.cornishorganicwool.co.uk
100% organic wool yarn.

Dashing Tweeds
www.dashingtweeds.co.uk
Hi-tech tweeds using GOTS certified dyes and processes.

Delcatron
www.delcatron.be
European linen with controlled chemicals with no heavy metals.

Ecotintes
www.ecotintes.com
Natural and eco-dying.

ES Ltd
www.es-salmonleather.com
Eco-produced leather from salmon skin (a by-product of the fishing industry).

Eurolaces
www.eurolaces.com
100% organic macramé lace, eco-production.

Guangzhou Tianhai Lace Co.
www.gztianhai.com
Laces using recycled polyester and nylon, organic cotton, modal and cupro, eco-production.

Gulipek
www.gulipek.com
Natural cellulose-based fabrics such as tencel, cupro, silk, linen meeting EU regulations.

Hemp Fortex Industries
www.hempfortex.com
Eco-production of hemp and other fabrics.

Herbal Fab
www.herbalfab.com
Handspun and woven vegetable dyed fabrics, eco-production and community support.

Holland & Sherry
www.hollandandsherry.com
Merino, fine and worsted wools, waste water treatment.

Jasco
www.jascofabrics.com
Environmentally sensitive fabrics, organic cotton, low-impact dyes.

Jiangsu Danmao
www.verityfineworsteds.co.uk
Wool and recycled fibres, animal welfare and developing biodegradable polyester.

Jiangxing Jiecco
Helen@jiecco.com
Raw organic fibres for a range of
woven and knitted fabrics.

Klasikine Tekstile
klasikinetekstile.lt
Eco-produced European linen.

Libeco-Lagae
www.libeco.com
European linen, low-impact dyes.

Lurdes Sampaio SA
www.ismalhas.com
Innovative organic fibre
combinations, e.g. crabyon,
ramie, modal, tencel c and kapok,
recycled cotton and bypass
re-dying.

Mahmood Group
www.mahmoodgroup.com
Eco-organic cotton.

Northern Linen
www.northern-linen.com
Organic linen.

Organic Textile Company
www.organicccotton.biz
Suppliers of organic and fair-
trade cotton and bamboo fabrics.

Pastels SAS
www.pastels.fr

Organic, recycled and ethically
produced fabrics.

Peru Naturtex
www.perunaturtex.com
Fair-trade Peruvian organic
cotton and Alpaca knit and
woven fabrics, natural dyes.

Pickering International
www.picknatural.com
Importers and wholesalers of
organic and natural fibre textiles
in USA.

Singtext/Scafe
www.singtex.com
Recycled coffee grounds
combined with a range of
fibres and recycled polyester
for performance and
insulation fabrics.

Sophie Hallette
www.sophiehallette.com
Lace and gossamer tulle using
traditional and modern methods
following Oeko-Tex guidelines.

Svarna
www.svarna.com
Luxurious gold muga silk, hand
woven khandi cottons and other
traditional textiles with low
impact carbon footprint.

Swiss Organics
www.swissorganicfabrics.ch
Organization representing Swiss
organic cotton producers.

Tessitura Corti
www.tessituracorti.com
Recycled polyester performance
textiles.

The Natural Fibre Company
www.thenaturalfibre.co.uk
Organic, naturally dyed wool,
eco production.

TYMAXX INC
www.tymaxx.com.tw
Recycled polyester fabrics, low
impact dyes, eco production

Weisbrod
www.weisbrod.ch
Organic silks, eco and social
principles, fully traceable
supply chain.

Winfultex
www.winfultex.com.tw
Recycled polyester, modal and
organic cotton for sports and
casual fabrics.

索引

致谢

这本书一开始只是个人项目，但后来由此逐渐形成了一个团队，其中包括学生、设计师、描图师、摄影师、产业供应商以及那些一直默默支持我的人。这本书是为了那些有抱负的设计师与制板师而作的，像为本书投入了极大热情的吉纳维芙·斯潘塞（Genevieve Spencer）。

感谢：
感谢里非·康明斯（Leafy Cummins）编辑，在写作期间给予我不断的支持和鼓励，所以我要特别提出来。
特别感谢承担描图工作的迈克尔·克劳利（Michael Crawley），尽管他完全不懂样板，但我敢肯定他现在一定知道侧颈点和布纹线。

感谢我的儿子亚历克斯·派瑞思（Alex Parish）帮我找到摄影师麦洛（Milo）、模特儿杰丝（Jess）以及描图师迈克尔。
感谢我的学生和设计师分享他们极富灵感的工作内容。
感谢马吉·道尔（Maggie Doyle）绘制了超棒的插图。
感谢杰丝配合摄影师拍摄精美的图片，她理应得到报酬。
感谢麦洛·贝尔格鲁夫（Milo Belgrove）把影棚和拍摄都安排妥当。
感谢杰奎·邦赛尔（Jacquie Bounsall）的采访。
感谢专业供应商凯尼特（Kennet）和琳赛尔（Lindsell）提供小型人台的资金。

感谢供应商——致力于有机棉商务的菲尔·维勒（Phil Wheeler）赞助有机棉和竹丝绸。
感谢可持续发展非盈利组织提供可持续面料供应商的名录。
感谢我的家人和朋友，特别是在此期间一直容忍我的罗博（Rob）。
这本书献给我的母亲。

要感谢出版商黛比·奥赛普（Debbie Allsop）、克莱尔·奎里尼（Clare Culliney）、丽贝卡·帕里·弗莱德曼（Rebbecah Pailes-Friedman）、珍妮特·罗宾森（Janet Robinson）和朱莉安娜·斯颂（Juliana Sissons），感谢他们对原稿的评论与修改。

图片说明

人体测量和坯布照片由麦洛·贝尔格鲁夫（Milo Belgrove）摄影，款式图和结构图由帕特·帕瑞斯（Pat Parish)和迈克尔·克劳利绘制。

封面：费德丽卡·布拉费瑞（伦敦时装设计学院）设计作品，奥斯卡·罗卡（Oscar Roca）摄影。

P3: Yuichi Ozaki, photograph by Andy Espin

P9: Jane Bowler (Royal College of Art), Photography by Joanne Warren, Model Grace Du Prez

P13: Margherita Mazzola (UCA Epsom), courtesy of UCA Epsom

P16/17, 1890s–1910s: Wikicommons
P16/17, 1920s: Wikicommons
P16/17, 1930s: Wikicommons
P16/17, 1940s: 20TH CENTURY FOX / THE KOBAL COLLECTION
P16/17, 1950s: Wikicommons
P16/17, 1960s: COLUMBIA / THE KOBAL COLLECTION
P16/17, 1970s: Wikicommons
P16/17, 1980s: MGM/UA / THE KOBAL COLLECTION / SCHAPIRO, STEVE
P16/17, 1990s and beyond: Wiki-commons

P63, 111, 129, 141: © Chris Moore, Catwalking.com

P64, 65, 68, 69, 72, 73, 78, 79, 82, 83, 88, 89, 94, 95, 98, 99, 102, 103: Maggie Doyle

P76/77: Zoe Harcus

P86/87: Kashaf Khalique (Cavendish College)

P92/93 Anna Smit (Royal College of Art), photographs by Christina Smith

P137: Nadine Mukhtar (Winchester School of Art), BA (Hons) Fashion Design

P164/165: Science & Society Picture Library

P167: Jane Bowler (Royal College of Art), Photography by Joanne Warren, Model Grace Du Prez

P169: Images by Fong Shan Wong

P171: Federica Braghieri (London College of Fashion) designer, images photographed by Oscar Roca